macOS
セコイア
Sequoia
パーフェクトマニュアル

井村 克也 著

Apple、Appleロゴ、Mac、macOS、Sequoia、OS X、Macintosh、iMac、MacBook、MacBook Air、MacBook Pro、Mac mini、Mac Pro、iPad、iPhone、Apple WatchはApple社の米国およびその他の国における登録商標です。
Windowsは米国Microsoft Corporationの米国およびその他の国における登録商標です。
また、本書に登場するその他の会社名、商品名は関係各社の商標または登録商標であることを明記して本文中での表記を省略させていただきます。
システム環境、ハードウェア環境によっては本書どおりに動作および操作できない場合がありますので、ご了承ください。
本書の内容は執筆時点においての情報であり、予告なく内容が変更されることがあります。また、本書に記載されたURLは執筆当時のものであり、予告なく変更される場合があります。
本書の内容の操作によって生じた損害、および本書の内容に基づく運用の結果生じた損害については、株式会社ソーテック社は一切の責任を負いません。あらかじめご了承ください。
本書の制作にあたっては、正確な記述に努めていますが、内容に誤りや不正確な記述がある場合も、当社は一切責任を負いません。

はじめに

2024年にリリースされたmacOS Sequoiaは、通算バージョンでいうと15.0となりました。今後リリースされるApple Intelligenceに最適化されています。
ChatGPTが世に出てから、人工知能（AI）、特に生成AIとよばれるテクノロジーは、世界を大きく変えています。Apple Intelligenceは、Appleの人工知能プラットフォームで、iPhone/iPad/Macの各デバイスにOSレベルで組み込まれる予定です。
残念ながら本書の執筆時点ではApple Intelligenceのリリースされていないため、Apple Intelligenceについては書かれていません。

macOS Sequoiaに大きな新機能はありませんが、使い勝手の向上が図られています。

使い勝手の大きな変更は、iPhoneのミラーリングです。
Mac上にiPhoneの画面を表示し、そのままiPhoneを利用できる機能です。Macを仕事で使用しているユーザーにとって、一つの画面でMacもiPhoneも利用できることを歓迎するユーザーも多いことでしょう。

画面のタイル表示は、アプリを最大化せずにできるだけ大きく並べて表示して作業したいユーザーにはうれしい機能だと思います。

パスワードの管理も、Macでは以前からキーチェーンという仕組みで実現していましたが、macOS Sequoiaでは「パスワード」アプリという使いやすい画面のアプリとなりました。iCloudへのパスワードの保存を併用すれば、Mac、iPhone、iPadとシームレスにパスワードを共用できます。

Macは、初心者からプロフェッショナルまで直感的な操作で扱える優れたパソコンです。操作が簡単であるため、便利な使い方があることを知らずにいるユーザーも少なくありません。基本的な操作を見直すと、知らなかった機能や使い方を発見でき、さらに便利に利用できるはずです。

本書は、macOS Sequoiaの新機能も含めて、インターネットへの接続方法、Finderや日本語入力などのMacの基本的な使い方、標準搭載しているアプリの使い方、AirDropでのデータのやり取り、macOS復旧の使い方などを15分野に分けて、簡潔に豊富な図版を使って説明しています。

この本を手に取ったみなさまが、macOS Sequoiaを使いこなすのに、ほんの少しでもお手伝いができたら幸いです。

謝辞
本書を執筆するのに、多くの方に助けられました。いつも誌面を華やかにしてくれる柏の方々、写真を提供していただいた竹田良子さん、忙しい中のご協力ありがとうございます。また、関係者の方々に深く感謝いたします。
また、本書を活用していただける読者の方に、この場を借りてお礼と感謝の意を表したいと思います。

2024　秋
井村克也

CONTENTS

はじめに	3
CONTENTS	4
本書の使い方	10
INDEX	300

Chapter 1
Sequoiaにようこそ！ 11

Section 1-1	Macを起動する	12
Section 1-2	ウインドウやアイコンの名前を覚える	15
Section 1-3	Sequoiaの主な新機能	16
Section 1-4	Sequoiaにアップグレードする	18
Section 1-5	マウスとトラックパッドを使う	21
Section 1-6	Macの情報を表示する/名称を変更する	24
Section 1-7	Apple Accountについて	25
Section 1-8	パスワードをiCloudに保存する	30

Chapter 2
インターネットに接続しよう 31

Section 2-1	Wi-Fiで接続する	32
Section 2-2	LANケーブルで接続する	37
Section 2-3	iPhone/iPad経由でテザリング接続する	39
Section 2-4	ファイアウォールを設定して外部からの不正アクセスを防ぐ	43

Chapter 3
デスクトップの表示の設定 45

Section 3-1	ディスプレイの表示解像度などを変更する	46
Section 3-2	デスクトップとウィジェットの表示設定	48

Section 3-3	ウインドウの大きさや場所を変更する	50
Section 3-4	ウインドウを画面全体に表示する（フルスクリーン表示）	52
Section 3-5	アプリやデスクトップを切り替える（Mission Control）	53
Section 3-6	画面のタイル表示	55
Section 3-7	Dockを使いこなす	57
Section 3-8	外観モードやスクロールバーの設定	60
Section 3-9	デスクトップの壁紙やスクリーンセーバを変更する	61
Section 3-10	Siriを使う	63
Section 3-11	通知の表示方法を変更する（通知センター）	66
Section 3-12	コントロールセンターとメニューバーの設定	68
Section 3-13	集中モード（おやすみモード）	71
Section 3-14	ステージマネージャ	73
Section 3-15	デスクトップのスタック表示	75
Section 3-16	表示中の画面を画像として保存する（スクリーンショット）	76
Section 3-17	スクリーンタイムを使う	80

Chapter 4
Finderの表示とファイル操作 ·················· 81

Section 4-1	Finder でファイルを見る	82
Section 4-2	フォルダの構成	85
Section 4-3	サイドバーを使いこなす	89
Section 4-4	Finderウインドウの表示方法を変更する	91
Section 4-5	プレビューの表示	93
Section 4-6	グループ表示	94
Section 4-7	アイコン表示のアイコンの大きさを変える	95
Section 4-8	ファイルやフォルダを選択する	97
Section 4-9	フォルダを作成する	99
Section 4-10	ファイルを移動する	100
Section 4-11	ファイルをコピーする／ファイル名やフォルダ名を変更する	102
Section 4-12	複数のファイルの名前を一括して変更する	104
Section 4-13	ファイルの拡張子の表示方法を覚えよう	106
Section 4-14	iCloud Driveを使う	107
Section 4-15	ファイルやフォルダを圧縮する／元に戻す（解凍する）	111
Section 4-16	不要なデータを削除する	112

CONTENTS

Section 4-17	ファイルやフォルダの分身を作成する（エイリアス）	114
Section 4-18	ファイルを検索する（Spotlight）	115
Section 4-19	タグを付けてファイルを管理する	119
Section 4-20	アプリを起動せずにファイルの内容を確認する（クイックルック）	121
Section 4-21	アップルメニューの「最近使った項目」を使う	122
Section 4-22	外付けディスクやUSBメモリを初期化する	123

Chapter 5
Mac本体や周辺機器の設定 ･･････････････････ 125

Section 5-1	Macのキーボードについて	126
Section 5-2	キーボードやTouch Barの設定を変更する	127
Section 5-3	ショートカットの設定を変更する	130
Section 5-4	マウスの設定を変更する	132
Section 5-5	トラックパッドの設定を変更する	133
Section 5-6	音量や通知音（警告音）の種類を変更する	135
Section 5-7	ヘッドフォンやスピーカーを設定する／マイクロフォンを設定する	136
Section 5-8	ノート型Mac/iMacで外付けディスプレイを使う	137
Section 5-9	iPadを外付けモニタとして使う（AirPlay）	140
Section 5-10	Bluetooth機器を接続する	142
Section 5-11	省電力設定を変更する	144
Section 5-12	ロック画面やログイン画面の設定	146
Section 5-13	日付と時刻、言語と地域を設定する	147
Section 5-14	プリンタを接続して使えるようにする	150
Section 5-15	Touch IDを使う	153

Chapter 6
日本語入力をマスターしよう ････････････････ 155

Section 6-1	文字入力の基本	156
Section 6-2	入力方法を設定する	159
Section 6-3	絵文字や読みかたがわからない文字を入力する	163
Section 6-4	音声で入力する	165

Chapter 7
パスワードとセキュリティの設定 ············· 167

Section 7-1	パスワードを管理する ···	168
Section 7-2	アプリでの位置情報の使用を許可する/禁止する ·················	171
Section 7-3	アクセスを許可/禁止するアプリや機能を選択する ················	172
Section 7-4	ディスクを暗号化する ···	173
Section 7-5	Macのアクセシビリティ支援機能を活用する ·····················	175

Chapter 8
ホームページを閲覧する（Safari）··············· 177

Section 8-1	Safariの基本 ··	178
Section 8-2	1つのウインドウに複数のWebページをまとめて表示する（タブ表示）···············	180
Section 8-3	気に入ったWebページをブックマークに登録する ··············	182
Section 8-4	リーダーの表示/ビデオビューアの表示/気をそらす項目を非表示	185
Section 8-5	Webページのパスワードを保存する ·························	187
Section 8-6	これまでに表示したWebページを確認する（履歴）············	188
Section 8-7	プライベートブラウズを使用する ···························	189
Section 8-8	翻訳機能を使う ··	190

Chapter 9
電子メールを活用する（メール）·················· 191

Section 9-1	アカウントを設定する ·····································	192
Section 9-2	メールを受信する ··	194
Section 9-3	迷惑メール対策をする ····································	195
Section 9-4	メールを作成して送信する ·································	197
Section 9-5	メールを整理する/管理する ······························	203
Section 9-6	メールに自分の署名を付ける ······························	206

Chapter 10
アプリ操作の基本 207

Section 10-1 　アプリ操作の基本（起動／終了／切り替え／保存）........................ 208
Section 10-2 　アプリを追加する 214
Section 10-3 　アプリを最新の状態にする 217
Section 10-4 　デフォルトアプリの変更 218
Section 10-5 　文書の内容を翻訳する 220
Section 10-6 　画像内のテキスト認識表示 222
Section 10-7 　画像や文書を印刷する 224

Chapter 11
標準アプリの活用 227

Section 11-1 　書類を作成する（テキストエディット）.................................... 228
Section 11-2 　画像やPDFファイルを見る（プレビュー）............................... 229
Section 11-3 　写真を管理する（写真）... 230
Section 11-4 　アドレス帳を作成する（連絡先）.. 233
Section 11-5 　予定を管理する（カレンダー）... 234
Section 11-6 　やるべきことを管理する（リマインダー）............................... 236
Section 11-7 　メモ書きする（メモ）... 237
Section 11-8 　チャットする（メッセージ）.. 239
Section 11-9 　地図を見る（マップ）... 242

Chapter 12
iPhone / iPad との連係機能 245

Section 12-1 　MacからiPhoneを通して電話をかける/受ける（FaceTime）............. 246
Section 12-2 　HandoffでiPhone/iPadとMacで同じ作業を続ける 248
Section 12-3 　MacとiPhone/iPadでのコピー＆ペースト（ユニバーサルクリップボード）........ 251
Section 12-4 　iPhone/iPadを使って写真を撮る 252
Section 12-5 　iPhone/iPad/Macを紛失時に探せるようにする（探す）.............. 255
Section 12-6 　iPhoneの音声や画像をMacで再生する（AirPlay）.................... 257

Section 12-7　ユニバーサルコントロール ……………………………………………… 258
Section 12-8　連係カメラ ………………………………………………………………… 260
Section 12-9　MacでiPhoneを使う（iPhoneミラーリング） ………………………… 261
Section 12-10　iPhone/iPadへ転送・同期するコンテンツの設定 …………………… 264

Chapter 13
ファイル共有と画面共有 …………………… 265

Section 13-1　AirDropでファイルを転送する …………………………………………… 266
Section 13-2　画面共有で他のMacの画面を表示する ………………………………… 271

Chapter 14
ユーザを管理する ………………………………… 273

Section 14-1　Macの使用ユーザを追加する …………………………………………… 274
Section 14-2　ログインユーザを切り替える …………………………………………… 277
Section 14-3　ログインパスワードを変更する ………………………………………… 279
Section 14-4　不要なユーザアカウントを削除する …………………………………… 280

Chapter 15
システムとメンテナンス ………………… 281

Section 15-1　First Aidでディスクを診断する ………………………………………… 282
Section 15-2　ソフトウェアアップデートの設定 ……………………………………… 284
Section 15-3　Time Machineでバックアップする ……………………………………… 285
Section 15-4　Time Machineでバックアップから復元する …………………………… 289
Section 15-5　「macOS復旧」を使う …………………………………………………… 290
Section 15-6　起動可能なUSBインストーラディスクを作成する …………………… 291
Section 15-7　OSを再インストールする ………………………………………………… 294
Section 15-8　ストレージの管理 ………………………………………………………… 298

本書の使い方

本書は、次のようなスタイルでページが構成されています。
各Sectionごとに内容がまとめられ、見出しに対応した図解でMacの操作をマスターできます。

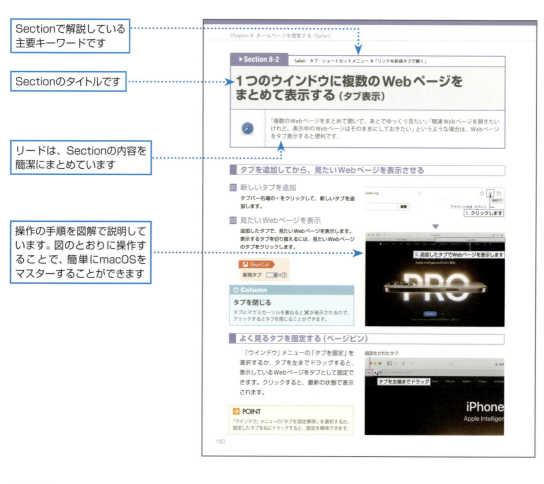

- Sectionで解説している主要キーワードです
- Sectionのタイトルです
- リードは、Sectionの内容を簡潔にまとめています
- 操作の手順を図解で説明しています。図のとおりに操作することで、簡単にmacOSをマスターすることができます

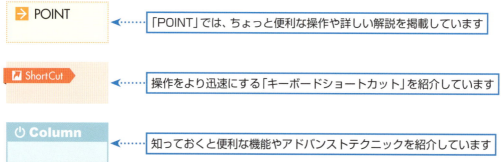

- 「POINT」では、ちょっと便利な操作や詳しい解説を掲載しています
- 操作をより迅速にする「キーボードショートカット」を紹介しています
- 知っておくと便利な機能やアドバンストテクニックを紹介しています

Chapter

1

Sequoiaにようこそ！

ここでは、Macの起動や終了、Sequoia（セコイア）の新機能やアップグレードする方法など、基本的な操作を解説します。
さあ、新しくなったmacOSを使いこなしましょう！

Section 1-1　　Macを起動する
Section 1-2　　ウインドウやアイコンの名前を覚える
Section 1-3　　Sequoiaの主な新機能
Section 1-4　　Sequoiaにアップグレードする
Section 1-5　　マウスとトラックパッドを使う
Section 1-6　　Macの情報を表示する/名称を変更する
Section 1-7　　Apple Accountについて
Section 1-8　　パスワードをiCloudに保存する

Chapter 1 Sequoiaにようこそ！

▶ **Section 1-1**　パワーキー／ メニュー ▶「スリープ」「システム終了」「ロック画面」「ログアウト」

Macを起動する

 Macのもっとも基本的な操作であるシステム起動・終了の方法を説明します。
また、スリープやログアウトについても覚えておきましょう。

Macの起動とログイン

　Mac本体にあるパワーキーを押すとシステムが起動します。「ジャーン」という起動音のあとに、アップルロゴが画面中央に表示されます。

デスクトップ型は背面、ノート型はキーボードの右上にあるパワーキーを押すと電源が入り、システムが起動します

▶ **POINT**

ログイン画面の表示方法は、「システム設定」の「ロック画面」で設定できます。詳細は、146ページを参照してください。

起動後には、ログイン画面が表示されます。
パスワードを入力して、returnキーを押すか をクリックします

▶ **POINT**

パスワードは、初回セットアップ時に入力したパスワードです。Sonomaなどからアップグレードした場合は、アップグレード前に使用していたユーザのパスワードです。

1.入力します

2.クリックします

Column 複数のユーザを設定している場合

Macを使用するユーザを複数設定している場合、ログイン画面にはユーザ名が表示されるので、クリックして選択してからパスワードを入力してログインします（277ページ参照）。

システムを終了する

Macの電源を切る場合は、アップルメニューの「システム終了」を選択します。

パワーキーを3秒以上押して表示されるダイアログボックスの「システム終了」ボタンをクリックしても、Macを終了できます。

> **POINT**
> Touch ID搭載のMacでは、Touch IDボタン（電源ボタン）を押すと画面がロックされます。アップルメニューの「システム終了」を選択して終了してください。

チェックしてシステム終了または再起動すると、次回のMac起動時に、電源を落としたときの状態が表示されます

Chapter 1 Sequoiaによようこそ！

⏻ Column

「スリープ」と「ロック画面」

「スリープ」とは、Macの電源を切らずに画面を暗くして、一時的にシステムを停止することです。スリープは、キーボードの任意のキーを押すかマウスを動かすことで、電源を切った場合よりもすばやくMacのシステムを起動することができます。
Macをスリープさせるには、アップルメニューの「スリープ」を選択します。
「ロック画面」は、一時的に画面操作をできなくなるようにログイン画面を表示します。パスワードを入力すると、通常の画面に戻ります。
ロック画面の詳細な設定については、146ページを参照してください。

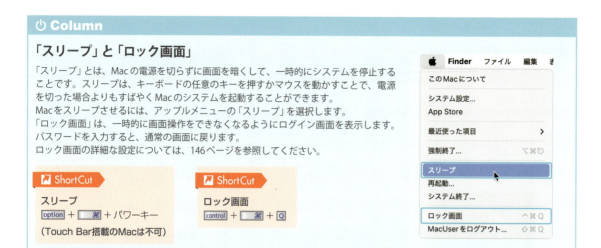

⏻ Column

強制終了

Macに何らかのエラーが発生するとマウスやキーボードが反応しなくなることがあります。これを「フリーズ」といいます。Macがフリーズした場合は、強制的に終了します。Macを強制的に終了するには、パワーキーを押し続けて電源をオフにします。

ログアウト

ログアウトとは、Macの使用を終了してログインウインドウに戻ることです。
ログアウトするには、アップルメニューの「ログアウト」を選択します。

➡ **POINT**
ログアウトは、1台のMacを複数のユーザで使用している場合、使用するユーザを切り替えるときに使用します。

14

Section 1-2 ウインドウやアイコンの名前を覚える

▶ Section 1-2　インターフェイス／メニューバー／アプリケーションウインドウ／Dock／Finderウインドウ／サイドバー

ウインドウやアイコンの名前を覚える

macOS Sequoia（セコイア）は、macOSの美しいインターフェイスを継承し、iPhone/iPadと同様のフラットデザインを採用した最新のMac用システムです。起動後の画面の名称を確認しておきましょう。

macOS Sequoiaのインターフェイス

macOS Sequoiaの基本的なインターフェイスは、これまでのmacOSと変わりません。旧来のユーザは違和感なく操作できるでしょう。

アプリケーションウインドウ
アプリケーションが表示されるウインドウです。インターネットやメールのチェック、書類の編集や画像の整理など、アプリケーションごとにウインドウが表示されます

メニューバー
現在使用しているアプリケーションの名称とメニューが表示されます

デスクトップ
ウインドウなどが表示される領域をデスクトップと呼びます。背景に表示されるのが壁紙です

サイドバー
Finderウインドウに表示するフォルダなどが表示されます

Dock
よく使うアプリケーションや「システム設定」をクリックして起動できます。作業中のアプリのウインドウや、Finderウインドウをしまっておくこともできます

Finderウインドウ
内蔵ディスクやフォルダの中を表示するウインドウです。フォルダやファイルの種類は、アイコンによって識別することができます

15

▶Section 1-3　Sequoia / 新機能

Sequoiaの主な新機能

macOS Sequoiaは、これまでのMacの使いやすさを踏襲し、より使いやすい機能が搭載されました。見た目の変わった大きな機能を簡単に紹介します。

iPhoneミラーリング

「iPhoneミラーリング」を使うと、Mac上でiPhoneの画面を表示して利用できます。iPhoneの通知をMacで表示することもできます。

iPhoneでしか利用できないアプリも、Macで利用できます。

Mac上にiPhone画面を表示して利用できます

画面のタイル表示

複数の画面を並べて表示して作業したい場合に、ウインドウを最大化しないで画面サイズを変更してきれいに配置するのは意外に面倒な作業でした。

新しいタイル表示機能を使うと、素早く画面の両サイドに最大サイズで表示できます。

ウインドウを画面の端までドラッグすると、タイル表示の領域が表示され、ウインドウを画面の端に大きなサイズで表示できます

最大化ボタンを長押しするとポップアップが表示されるので、サイズと位置をクリックして指定できます

「パスワード」アプリによるパスワード管理

Webサイトやアプリにログインする際のパスワードが、「パスワード」アプリで一元管理され、いつでも確認できます。

また、Webなどでパスワード入力時に、自動入力も可能です。

パスワードが一元管理されます。　　　パスワードも簡単に確認できます

Safariの機能強化

Safariの新機能として、Webページ内の本文部分だけを表示するリーダー機能の使い勝手がよくなりました。また、ムービーをSafariの画面全体で表示するビデオビューアが追加されました。

「気をそらす項目を非表示」機能を使うと、Webサイト内で指定した部分を非表示にできます。

リーダー表示すると、本文部分のみを表示できます

「気をそらす項目を非表示」機能で、Webサイト内で指定した部分を非表示にできます。

> **POINT**
>
> macOS Sequoiaの最大の目玉であるApple Intelligenceは、年内に米国英語版で利用できるようになる予定です。日本での利用は、その後となります。

Chapter 1 Sequoiaにようこそ！

▶ Section 1-4　App Store / macOS Sequoia インストール / セットアップ

Sequoiaにアップグレードする

macOS Sequoiaは、App Storeからダウンロードして、無償アップグレードできます。動作環境がmacOS Sequoiaに対応している必要があるので、確認してからアップグレードしましょう。

アップグレードする前に現在のシステムをバックアップしておこう！

　macOS Sequoiaにアップグレードすると、これまでのアカウント情報やアプリ、OSに関するカスタマイズの情報は継承される一方、macOS Sequoiaに対応していないアプリや各種ドライバによっては、不具合が生じる可能性があります。

　アップグレードするユーザは、「Time Machine」を使って完全なバックアップを用意しておくことをおすすめします。Time Machineによるバックアップについては、Section 15-3「Time Machineでバックアップする」（285ページ）を参照してください。

⏻ Column
内蔵SDDはAPFSに変換される
SSDを内蔵しているMacをSequoiaにアップグレードすると、ファイルシステムは無条件でAPFS（Apple File System）に変換されます。
なお、APFSに変換されても、通常操作はこれまでと変わりません。

⏻ Column
macOS Sequoiaに必要な動作環境
iMac（2019以降）、iMac Pro（2017）、MacBook Air（2020以降）、MacBook Pro（2018以降）、Mac Pro（2019以降）、Mac Studio（2022以降）、Mac mini（2018以降）
※ダウンロードに際して、Apple Accountが必要。また各種サービスプロバイダとの契約などインターネットに接続できる通信環境が必要

macOS Sequoiaにアップグレードする

　Dockから「App Store」を起動して、macOS Sequoiaのインストーラをダウンロードし、アップグレードします。

> **POINT**
> お使いのMacのシステムを最新にしておきましょう。また、Time Machineでバックアップしておきましょう（285ページ参照）。

> **POINT**
> 「システム設定」の「ソフトウェアアップデート」にある「今すぐアップグレード」をクリックしてもアップグレードできます。

1.クリックします

クリックします

次ページへつづく

18

Section 1-4 Sequoiaにアップグレードする

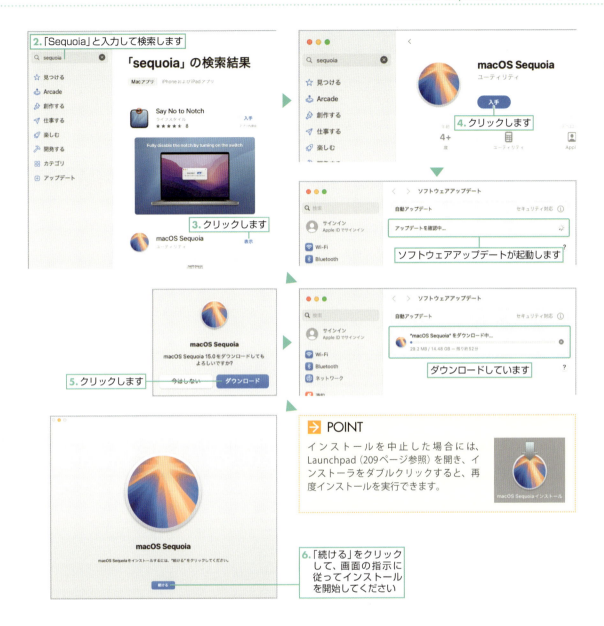

セットアップの項目について

再起動後に表示されるセットアップの項目は以下の通りです。ご使用になっているMacの環境によっては、内容が一部異なる場合があります。また、スキップしたあとで設定したり、変更できる項目もあります。

画面	内容	参照ページ
国または地域を選択	使用する場所（国）を選択します。	149ページ
VoiceOver（画面なし）	VoiceOverの使用について説明が再生されます。	175ページ

次ページへつづく

19

Chapter 1 Sequoiaにようこそ！

画面	内容	参照ページ
文字入力および音声入力の言語	優先する言語、キーボードからの入力方法、音声入力の言語を確認します。「設定をカスタマイズ」で変更できます。カナ入力は追加できます。	156ページ
アクセシビリティ	視覚、操作、聴覚、認知に対して、必要性に応じて調整できます。	175ページ
Wi-Fiネットワークを選択	Wi-Fiに接続します。あとからでも設定できるので、わからない場合は「続ける」をクリックします。	32ページ
データとプライバシー	データとプライバシーに関する表示です。読み終えたら、「続ける」をクリックします。	―
移行アシスタント	前に使用していたMac/PCやTime Machineバックアップから情報を転送します。使用しない場合やあとから移行する場合は「今はしない」をクリックします。	297ページ
Apple Accountでサインイン	Appleのクラウドサービスを利用するApple Accountでサインインします。「あとで設定」をクリックすると、ログイン後でも設定できます。	25ページ
利用規約（Apple Accountをパス）	利用規約を読み、「同意する」をクリックします。	―
コンピュータアカウントを作成	Macを使用するユーザを作成します。ログインに使用する名前を「フルネーム」に入力します。アカウント名は自動で入るのでそのままでかまいません。パスワードを設定し、パスワードを忘れたときのヒントを入力してください。	274ページ
探す	Macを紛失した際に、地図上で位置を確認できる「探す」アプリを利用するためのApple Accountが表示されます。「続ける」をクリックします。	255ページ
位置情報サービスを有効にする	位置情報サービスを使用するには、チェックをつけて「続ける」をクリックします。	171ページ
時間帯を選択	時間帯を選択します。位置情報を有効にした場合、「現在の位置情報に基づいて時間帯を自動的に設定」をチェックすると、自動で設定されます。	147ページ
解析	不具合発生時の状況をAppleとアプリのデベロッパに共有します。チェックをオフにしてもかまいません。	―
スクリーンタイム	Macの使用時間などを制限する場合に設定します。	80ページ
Siri	Siriを使うかを設定します。Siriを使う場合は、Siriの声や、自分の声を認識させる設定をします。	65ページ
Touch ID	Touch IDを登録します。	153ページ
外観モードの選択	外観モードを選択します。あとからでも設定できます。	60ページ

Section 1-5 マウスとトラックパッドを使う

▶ Section 1-5 Magic Mouse / Magic Trackpad

マウスとトラックパッドを使う

ノート型MacにはマルチタッチトラックパッドMagic Trackpadが搭載されており、指による各種の操作が可能です。また、マウスもMagic Mouseでは従来のクリックだけでなく、指による表面での操作が可能です。ここでは、Magic TrackpadとMagic Mouseの操作と名称を説明します。

Magic Mouseの操作

「Magic Mouse」の初期状態の操作を説明します。

▶ クリック

マウス全体を押す操作です。
Magic Mouseは全体がボタンになっているので、マウス全体を押すとクリックになります。

▶ ダブルクリック

マウス全体を2回連続で押す操作です。

▶ スクロール

マウスの表面を指で滑らせる操作です。
Safariやマップの表示は、1本の指を動かした方向に動きます。縦方向だけでなく横方向にも動くので、360°のスクロールが可能です。

▶ スワイプ

マウスの表面を指で払うように動かす操作を「スワイプ」といいます。
2本指で左右にスワイプすると、フルスクリーンアプリを切り替えられます。

▶ ダブルタップ

マウスの表面を指で軽くたたく操作を「タップ」といいます。
1回たたく操作をタップ、2回たたく操作を「ダブルタップ」といいます。
2本指でダブルタップすると、Mission Controlが起動します。

> **POINT**
> Mission Controlは、53ページを参照してください。

> **Column**
> **設定を変更するには**
> 「システム設定」の「マウス」で他の操作も可能になります。132ページを参照してください。

> **Column**
> **右クリックできるようにする**
> 「システム設定」の「マウス」の「ポイントとクリック」で、「副ボタンのクリック」をオンにすると、右クリックが利用できるようになります。

トラックパッド／Magic Trackpadの操作

トラックパッドや「Magic Trackpad」の初期状態の操作を説明します。

● 1本指の操作

▶ クリック

トラックパッド全体を1本指で押しこむ操作を「クリック」といいます。

▶ タップ

トラックパッドを1本指で軽くたたく操作を「タップ」といいます。

● 2本指の操作

▶ クリック

2本指でクリック（トラックパッド全体を押しこむ）すると、controlキーを押しながらクリックした操作（マウスの右ボタンをクリックした操作）となります。

▶ ダブルタップ

トラックパッドを2本指で軽く2回たたく操作を「ダブルタップ」といいます。

ダブルタップすると、Safariなどの対応アプリでは画面がズームイン／ズームアウトします。

▶ スクロール

トラックパッド上を2本指で滑らせる操作です。Safariやマップの表示は、指を動かした方向に動きます。縦方向だけでなく横方向にも動くので、360°のスクロールが可能です。

また、Safariで左にスクロールし続けると、表示しているページの前のページに戻ります。右にスクロールし続けると、元に戻ります。

▶ ピンチイン／ピンチアウト

トラックパッド上を2本の指先を広げたり狭めたりすると、プレビューやマップなどで、表示を拡大・縮小できます。

▶ 回転

トラックパッド上で開いた2本の指を回転させると、プレビューなどの対応アプリでは画像が回転します。

▶ 右端から左にスワイプ

トラックパッド上を指で払うように動かす操作を「スワイプ」といいます。

トラックパッドの右端から左に向かってスワイプすると、通知センターを表示できます。

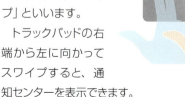

Section 1-5 マウスとトラックパッドを使う

● 3本指の操作

▶ タップ

トラックパッドを指で軽くたたく操作を「タップ」といいます。

テキスト上を3本指でタップすると、タップした箇所の意味を辞書で調べられます。

▶ 左右にスワイプ

トラックパッド上を3本指で左右に払うように動かします。

フルスクリーン表示しているアプリを切り替えます。

> **→ POINT**
> フルスクリーン表示は、52ページを参照してください。

▶ 上にスワイプ

トラックパッド上を3本指で上に払うように動かします。

Mission Controlが起動します。

> **→ POINT**
> Mission Controlは、53ページを参照してください。

▶ ピンチイン

親指と他の3本指で指先を狭める操作（ピンチイン）すると、Launchpadが起動します。

▶ ピンチアウト

親指と他の3本指で指先を広げる操作（ピンチアウト）すると、デスクトップを表示できます。

⏻ Column

設定を変更するには

「システム設定」の「トラックパッド」ウインドウで他の操作や動きの変更も可能になります。133ページを参照してください。

Chapter 1 Sequoiaにようこそ！

▶ Section 1-6　　 メニュー ▶「このMacについて」

Macの情報を表示する/名称を変更する

トラブル時など、自分のMacの機種名やOSのバージョンを聞かれることがあります。自分の使っているMacの機種名などの情報はMacで表示できます。地味な機能ですが、覚えておきましょう。

01 「このMacについて」を選択

アップルメニューから「このMacについて」を選択します。

選択します

02 概要が表示される

ウインドウが表示され、OSのバージョンや使用しているMacの機種名、プロセッサ（CPU）、搭載しているメモリ容量、起動ディスク、グラフィックス（ビデオボード）、シリアル番号が表示されます。
さらに詳細な情報を知りたいときは、「詳細情報」をクリックします。

Macの機種名が表示されます。「MacBook Pro」「MacBook Air」などの機種名だけでなく、画面サイズやリリースされた年月も表示されます

「詳細情報」で詳細な情報を表示できます

CPUの種類が表示されます

搭載しているメモリ容量が表示されます

シリアル番号が表示されます

OSのバージョンが表示されます

クリックして、名称を変更できます

▶ Section 1-7　「システム設定」▶「サインイン」/ 2ファクタ認証

Apple Accountについて

 Apple Accountは、Macでクラウドサービスを利用するのに必要なアカウントで無償で登録できます。また、iTunes Storeでコンテンツを購入する際にもApple Accountが必要となります。

Apple Accountとは

「Apple Account」は、Appleのさまざまなサービスにサインインする時に使うアカウントのことです。

音楽配信のiTunes Store、アプリケーションを購入するApp Storeなど、アップルが提供するクラウドサービスを利用するには、Apple Accountが必要となります。

また、MacからApple Accountでサインインすると、iCloudが利用できるようになり、メールや連絡先などの情報をMacやiPhone/iPad、Windowsパソコンで共有できます。

Apple Accountにサインインしよう

Apple Accountにサインインすれば、iPhoneなどのデータ連係や、Macのログインパスワードを忘れてしまっても復旧できるなどの大きなメリットがあります。サインインして使用することを推奨します。

・他のiPhoneやiPadなどと同じApple Accountを利用する

iCloudによるデータ共有など、利用している他のApple製品と同じApple Accountを使うようにしましょう。

・パスワードを忘れないようにする

Apple Accountのパスワードを忘れると、iTunes StoreやApp Storeにサインインできません。Apple Accountとパスワードは、Appleのサービスを利用するうえで大変重要なものなので、忘れないようにしてください。

・Macのアカウント（ログインID/パスワード）とは別のもの

Apple Accountは、Macのログインに使用するアカウントとは別のものです。Apple AccountはAppleの各種サービスを利用するためのアカウント（IDとパスワード）で、MacのアカウントはMacにログインするためのIDとパスワードです。

Chapter 1 Sequoiaにようこそ！

Apple Accountにサインインする

「システム設定」でサインインします。

01 Apple Accountを入力する

Dockやアップルメニューから「システム設定」を起動し、メールまたは電話番号を入力してから、「続ける」ボタンをクリックします。

> **POINT**
> 「サインイン」の箇所に「Apple Account」と表示されている場合は、すでにサインインしています。

02 Apple Accountのパスワードを入力

Apple Accountのパスワードを入力して、「続ける」ボタンをクリックします。

03 確認コードを入力

2ファクタ認証（28ページ参照）を使用している場合は、この画面が表示されるので、登録した携帯電話や他のサインインしているiPhone/iPad、Macに通知された確認コードを入力して、「続ける」ボタンをクリックします。

Section 1-7 Apple Accountについて

04 パスワードを入力
Macのログインパスワードを入力して、「続ける」ボタンをクリックします。

05 iCloudと結合するか選択する
Macに保存されているカレンダーとSafariのデータをiCloudを使って共有するために結合するかを選択します。あとからでも結合できます。

06 「Macを探す」の許可を選択する
位置情報機能を使って、「Macを探す」を有効にするには「許可」をクリックします。

07 ログインパスワードを入力する
「Macを探す」を利用するために、ログインパスワードを入力します。

08 サインインした
サインイン後の「Apple Account」画面では、設定項目を選択して設定できます。

1. 入力します
2. クリックします
3. 結合するにはクリックします
4. クリックします
5. パスワードを入力します
6. クリックします

サインアウトするにはクリックします　　Apple Accountの概要が表示されます

「個人情報」
Apple Accountに登録している名前、生年月日、メールアドレスが表示され、変更できます

「サインインとセキュリティ」
Apple Accountのパスワードや、2ファクタ認証（下記参照）の確認コードを送信する電話番号を管理します

「お支払いと配送先」
iTunes StoreをはじめとするApple Accountを使っての購入に利用する支払方法（クレジットカード）や、配送先住所を管理できます

「iCloud」
iCloudで共有する項目を管理します

「メディアと購入」
App Storeやブックストアでのコンテンツ購入時のパスワードの入力方法を選択します

「ファミリー」
iCloudで共有するコンテンツやiTunes Store/App Store/iBook Storeで購入したコンテンツを家族で共有できます

同じApple Accountを使用しているMac、iPhone、iPadが表示されます

「連絡先キー確認」
iMessaeでのメッセージのやりとりをよりセキュアに行うには、「iMessgeで確認」をオンにしてください。連絡先キー確認をオンにした二者間でのメッセージのやり取りでは、正しい相手のやり取りしていることを自動検証し、なりすましを防止します。ただし、同じApple AccountでサインインしているすべてのMac、iPhone、iPadで有効になります。

ユーザ名のアイコンにマウスカーソルを重ねると、「編集」と表示されるので、クリックすると画像を選択できます。デフォルト画像以外に、「写真」アプリで管理している画像や「Photo Booth」で撮影した画像が選択できます。また、カメラでも画像を撮影できます

27

Column

2ファクタ認証とは

2ファクタ認証とは、Apple Accountにサインインする際に、パスワードだけでなく、携帯電話のショートメッセージ（または電話の音声）で通知された確認コードを入力する認証方式のことです。
Apple Accountのパスワードが他人に知られても、自分の携帯電話や固定電話への通知が必要なため、本人以外はアクセスできないようにする仕組みです。セキュリティ強化のため2ファクタ認証を有効にすることをおすすめします。

iCloudを使って共有する項目を設定する

「システム設定」の「Apple Account」を選択し、「iCloud」をクリックします。iCloudのストレージ容量や、iCloudに保存しているアプリが表示され、保存するアプリを設定できます。

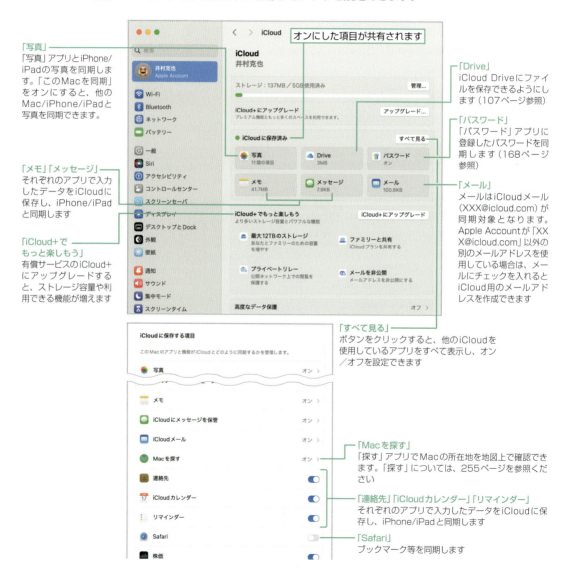

「写真」
「写真」アプリとiPhone/iPadの写真を同期します。「このMacを同期」をオンにすると、他のMac/iPhone/iPadと写真を同期できます。

「メモ」「メッセージ」
それぞれのアプリで入力したデータをiCloudに保存し、iPhone/iPadと同期します

「iCloud+で
もっと楽しもう」
有償サービスのiCloud+にアップグレードすると、ストレージ容量や利用できる機能が増えます

「Drive」
iCloud Driveにファイルを保存できるようにします（107ページ参照）

「パスワード」
「パスワード」アプリに登録したパスワードを同期します（168ページ参照）

「メール」
メールはiCloudメール（XXX@icloud.com）が同期対象となります。Apple Accountが「XXX@icloud.com」以外の別のメールアドレスを使用している場合は、メールにチェックを入れるとiCloud用のメールアドレスを作成できます

「すべて見る」
ボタンをクリックすると、他のiCloudを使用しているアプリをすべて表示し、オン／オフを設定できます

「Macを探す」
「探す」アプリでMacの所在地を地図上で確認できます。「探す」については、255ページを参照ください

「連絡先」「iCloudカレンダー」「リマインダー」
それぞれのアプリで入力したデータをiCloudに保存し、iPhone/iPadと同期します

「Safari」
ブックマーク等を同期します

Section 1-7 Apple Accountについて

Column

Apple Accountのセキュリティ

Apple Accountでサインインすると、さまざまなメリットがあります。また、MacとApple Accountはリンクされてアクティベーションされるため、Apple Accountとパスワードは重要な情報となっています。Apple Accountとパスワードは忘れないでください。

Appleでは、Apple Accountのセキュリティ強化として、信頼できるAppleデバイスを所有している信頼できる人（家族など）を登録しておき、Apple Accountを復旧するために手伝ってもらうことができます。また、復旧キーを設定しておき、自ら復旧キーを利用してApple Accountを復旧することもできます（ただし復旧キーを設定すると、他のアカウント復旧は利用できなくなります）。

「システム設定」の「Apple Account」を選択し、「サインインとセキュリティ」をクリックします。「アカウントの復旧」の「設定」をクリックします。アカウントの復旧についての設定画面が表示されます。AppleのWebサイトなどでアカウントの復旧についての説明を読んで必要なら設定してください。

Column

iCloud、iCloud+とは

iCloudはアップル社が提供するクラウドサービスで、画像ファイルやカレンダー、連絡先などの情報をアップロードして、iPhoneやiPad、他のMacと情報を共有できる機能です。
iCloud+とはiCloudの有償サービスで、月額130円（50GBのストレージ付き）から利用できます。ストレージ容量が増えるだけでなく、強化されたセキュリティ機能なども利用できるようになります。

Section 1-8 「システム設定」▶「Apple Account」▶「iCloud」ウインドウ▶「パスワード」

パスワードをiCloudに保存する

MacとiPhone/iPadを両方利用していると、Wi-Fi接続やWebで使用するIDとパスワード、クレジットカード番号などをそれぞれ入力することになります。これらのIDやパスワード情報はiCloudで保存でき、Mac/iPad/iPhoneのデバイス間で同期して最新の状態で利用できます。

パスワードをiCloudに保存する設定

MacでiCloudにパスワードを保存の設定をするには、「システム設定」の「Apple Account」で設定します。

01 「iCloud」を表示する

Dockやアップルメニューから「システム設定」を起動し、「Apple Account」を選択して「iCloud」をクリックします。

02 「パスワード」を確認

「パスワード」が「オフ」の場合はクリックします。「オン」になっている場合は必要ありません。

03 「このMacを同期」をオン

「このMacを同期」をオンにし、「完了」をクリックします。

> **POINT**
> iCloudキーチェーンを使うには、「Apple Account」にサインインしている必要があります。

Chapter

2

インターネットに
接続しよう

インターネットへの接続は、自宅でのブロードバンド回線だけでなく
スマートフォンを使ったテザリングも多く使われるようになりました。
ここでは、インターネットへの接続方法について解説します。

Section 2-1　　Wi-Fiで接続する

Section 2-2　　LANケーブルで接続する

Section 2-3　　iPhone/iPad経由でテザリング接続する

Section 2-4　　ファイアウォールを設定して外部からの不正アクセスを防ぐ

Chapter 2 インターネットに接続しよう

▶ Section 2-1　　メニューバー ▶ Wi-Fiルーターを選択／「システム設定」▶「Wi-Fi」

Wi-Fiで接続する

Macには、無線LAN（Wi-Fi）が標準装備されています。インターネットと接続するためのWi-Fiルーター（親機）がある環境であれば、MacからWi-Fiルーターに接続してインターネットを利用できます。

Wi-Fiルーターを用意する

　Wi-Fiルーターとは、MacやPC、iPhoneなどのスマートフォン、iPadなどのタブレットなどをインターネットに同時接続するためのネットワーク機器で、家庭内でWi-Fiでインターネットに接続するための必須機器です。ご使用のWi-Fiルーターの説明書を読んで、Wi-Fiルーターからインターネットに接続する設定をしておいてください。

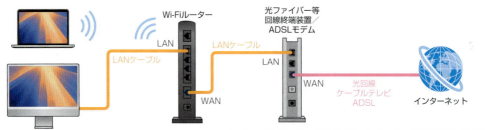

※光回線、ケーブルテレビ、ADSLなどのインターネット接続は契約が必要です
※ADSLは、2025年1月にサービスが終了します。

Column

モバイルWi-Fiルーターを使う

自宅に光ファイバーなどのインターネット回線がなくても、モバイルWi-Fiルーターがあれば、MacやiPhoneなどの複数の機器をインターネットに接続できます。

Wi-Fiで接続する

　MacからWi-Fiネットワークに接続するには、以下の2つの情報が必要です。

- SSID（Wi-Fiルーターの名前）
- 接続パスワード

この2つがわかれば、Wi-Fiルーターに接続できます。
　Wi-Fiルーターの機器背面などにSSIDとパスワードが表記されているので、それを使います。表記されていない場合は、ご利用のWi-Fiルーターの取扱説明書を参照してください。

01 Wi-Fiルーターを選択する

メニューバー右上の 📶 または 📶 をクリックします。Wi-Fiがオフのときは、オンにしてください。近くに設置されているWi-Fiルーターがリスト表示されるので、自分の接続するWi-Fiルーターを選択します。

02 パスワードを入力して接続

パスワードを入力して、「接続」ボタンをクリックします。
「パスワードを表示」をオンにすると、パスワードを表示できます。
「このネットワークを記憶」をオンにします。

03 接続できたことを確認する

Wi-Fiルーターに接続できたら、メニューバーのアイコンが 📶 に変わります。このアイコンは、電波強度を表しています。

> **POINT**
> うまく接続できない場合は、「パスワードを表示」をオンにして、パスワードが正しく入力されているか確認してください。

1. クリックします
2. オンにします
3. 接続するWi-Fiルーターを選択します

1. Wi-Fi接続のパスワードを入力します
2. チェックします
3. クリックします

アイコンが黒く表示されたら接続完了です

04 インターネットに接続してみる

DockからSafariを起動して、ホームページが表示されるのを確認します。

1. クリックしてSafariを起動します

⏻ Column

Webページが表示されない場合

Wi-Fiルーターでインターネットに接続する設定がされていないか不備があります。Wi-Fiルーターの取扱説明書を参考に確認してください。

2. Webページが表示されたら大丈夫です

「Wi-Fiパスワード共有」機能を使う

すでにWi-Fiに接続してるiPhone/iPadを使って、同じWi-Fiに接続するMacのパスワード入力を省略できます。

● iPhone/iPadの要件

MacでWi-Fiパスワードを共有するには、iPhone/iPadの「連絡先」にMacユーザのApple Accountが登録されている必要があります。登録されているかを確認してください。

iPhone/iPadの「連絡先」にMacユーザが登録されている必要があります

> **POINT**
> iPhone/iPadとMacのどちらも、Bluetoothがオンである必要があります。

● Wi-Fiパスワードを共有する

01 MacでWi-Fiに接続する

メニューバーのWi-Fiアイコンをクリックして、「ほかのネットワーク」を展開したら、iPhone/iPadが接続しているWi-Fiルーターを選択します。

接続するルーターを選択します

02 パスワード入力画面を表示する

パスワード入力画面が表示されるので、このままにしておきます。

このままの状態にしておきます

03 iPhone/iPadで共有

iPhone/iPadをMacに近づけると、Wi-Fiパスワードの共有画面が表示されるので、「パスワードを共有」をタップします。

04 「完了」をタップ

問題なくMacにパスワードが共有されると、「完了」画面に変わるので、「完了」をタップします。

1. iPhone/iPadをMacに近づけます

2. タップします　　3. タップします

05 Macで接続を確認

MacでWi-Fiに接続できたことを確認します。

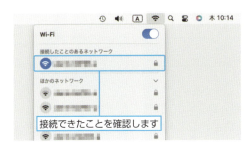

接続できたことを確認します

⏻ Column

MacのパスワードをiPhone/iPadで共有する

Macが接続しているWi-FiにiPhone/iPadを接続するときにも、パスワードを共有して入力を省略できます。
すでにWi-Fiに接続しているMacにiPhone/iPadを近づけると「Wi-Fiパスワード」の通知が表示されるので、通知にカーソルを移動し「共有」をクリックしてください。

クリックするとパスワードを共有できます

Chapter 2 インターネットに接続しよう

Wi-Fi親機の管理

　Wi-Fi親機が複数あるとき、接続したことのある親機に自動で接続しますが、接続したい親機を選択したい場合は、「システム設定」の「Wi-Fi」で設定します。

01 「Wi-Fi」を選択して、接続する親機の「接続」をクリック

Dockから「システム設定」をクリックして起動し、「Wi-Fi」をクリックします。
ネットワークに接続したことのあるWi-Fi親機が表示されるので、接続したい親機を選択して「接続」をクリックします。

近くの未接続の親機が表示されます。

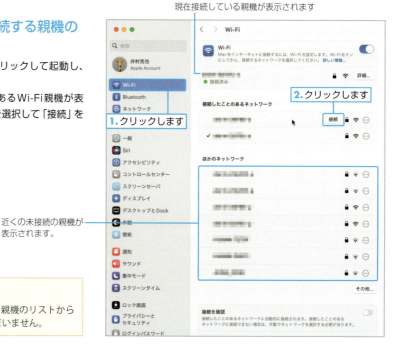

現在接続している親機が表示されます

1. クリックします
2. クリックします

> **POINT**
> メニューバーに表示されるWi-FI親機のリストから接続したい親機を選択してもかまいません。

Column

Wi-Fiの詳細情報を表示する

接続しているWi-Fiの詳細な情報は、「システム設定」の「Wi-Fi」で「詳細」をクリックすると表示できます。現在のIPアドレスを確認するときなどに使用します。

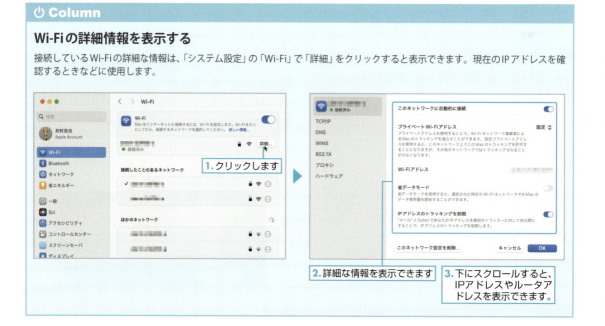

1. クリックします
2. 詳細な情報を表示できます
3. 下にスクロールすると、IPアドレスやルータアドレスを表示できます。

Section 2-2 LANケーブルで接続する

▶ Section 2-2 　「システム設定」▶「ネットワーク」

LANケーブルで接続する

 MacとルーターをLANケーブルでつないで、インターネットに接続する方法は、ケーブルを敷設する煩雑さがありますが、Wi-Fiよりも安定して高速な通信ができるメリットもあります。また、ほとんど設定が必要ないのも大きなメリットです。

MacとルーターをLANケーブルで接続する

　MacのLANポートと、光ファイバーの回線終端装置、ケーブルテレビのモデム、ADSLモデムをLANケーブルで接続してください。

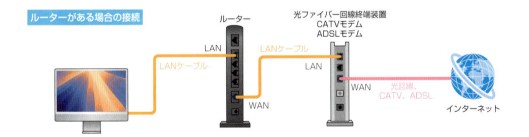

Column

ルーターとは

　ルーターとは、家庭内の複数の機器をインターネットに同時接続するためのネットワーク機器です。現在では、光ファイバー回線、ADSL、CATVなどのインターネット接続回線の接続機器に、ルーター機能が搭載されています。Wi-Fiルーターは、ルーターに無線LAN接続機能の付いた機器です。無線LANだけでなく、LANケーブルでも接続できるのが一般的です。

Macで接続を確認する

LANケーブルを接続したら、Macでインターネットに接続できるか確認してみましょう。

01 「システム設定」の「ネットワーク」をクリック

Dockから「システム設定」をクリックして起動し、「ネットワーク」をクリックします。
画面右側の「Ethernet」が「接続済み」と表示されていれば、ルーターに接続されています。

ルーターに接続されています

POINT

iMacにLANポートがある機種は「Ethernet」が表示されます。USB接続のEthernetアダプタなどを使ってLANケーブルと接続する場合は、アダプタによって名称が異なるので●の表示される項目で確認してください。

02 インターネットに接続してみる

DockからSafariを起動して、ホームページが表示されるのを確認します。

1.クリックしてSafariを起動します

2.Webページが表示されたら大丈夫です

Section 2-3 iPhone/iPad経由でテザリング接続する

▶ Section 2-3　iPhone・iPad「設定」▶「インターネット共有」/ Instant Hotspot

iPhone/iPad経由でテザリング接続する

テザリングに対応しているiPhone/iPadを使えば、iPhone/iPadを経由してMacからインターネットに接続できます。外出中にMacからインターネットに接続したいときなどに便利な接続方法です。MacとiPhone/iPadは、USBケーブルでつなぐ以外に、Wi-Fiでも接続できます。

Instant Hotspotを使う

　Mac、iPhone/iPadともに、同じApple Accountでサインインしていれば、特に設定をしないで、iPhoneやiPadを経由してMacをインターネットに接続できます（Instant Hotspot機能）。
　Wi-Fiスポットが見つからない場所で、Macからインターネットに接続するのに便利な機能です。

MacとiPhone/iPadをWi-Fiで接続します

Mac

iPhone/iPad

インターネット

▶ POINT
4G、5Gなどの通信機能のあるiPhone/iPadが必要です。

● Instant Hotspotで接続する

　iPhone/iPadは、Bluetoothがオンになっている必要があります。
　Macは、Wi-Fiをオンにしておいてください。ツールバーのWi-Fiアイコンをクリックすると、「インターネット共有」セクション内にInstant Hotspotとして利用できるiPhone/iPadが表示されるので、クリックして選択するだけでインターネットに接続できます。パスワード入力も不要です。
　接続できると、メニューバーのアイコンが　に変わります。

　インターネット接続を切断するには、メニューバーの　をクリックして、接続先のiPhone/iPadを選択します。

選択するだけでインターネットに接続できます

接続を切断するには選択します

39

Chapter 2 インターネットに接続しよう

> **Column**
>
> **「インターネット共有」はオフでOK**
>
> Instant Hotspotは、iPhone/iPadの「インターネット共有」がオフでも、自動でオンになります。

> **POINT**
>
> テザリング接続では、iPhone/iPadの通信回線を使用してインターネットに接続するため、データ使用量（いわゆるギガの使用量）が増加します。ご注意ください。

異なるApple AccountのiPhone／iPadを使って接続する

異なるApple AccountでサインインしているiPhone／iPadを使っても、MacからiPhone/iPadを使ってインターネットに接続できます。

● iPhone/iPad の設定

iPhone/iPad でMacからテザリング接続できるように設定します。
ここでは、iPhone（iOS 18）で説明します。

01 「設定」をタップ

「設定」をタップします。

02 「インターネット共有」をタップ

「インターネット共有」をタップします。

> **POINT**
>
> 「インターネット共有」が表示されない場合は、「モバイルデータ通信」をタップし、次の画面で「インターネット共有」をタップしてください。

03 「インターネット共有」をオンにする

「ほかの人の接続を許可」をタップしてオンにします。

1.タップします

2.タップします

> **Column**
>
> **Wi-FiやBluetoothがオフの場合**
>
> Wi-FiやBluetoothがオフになっていると、ポップアップが表示されWi-FiやBluetoothをオンにできます。ここでオンにしても、あとから手動でオフに変更できます。

> **POINT**
>
> Macからインターネット接続しないときは、「インターネット共有」はオフにしておきましょう。

3.オンにします

> **POINT**
>
> iPadでインターネット共有をするにはWi-Fi + Cellularタイプのモデルが必要です。

● MacとiPhone/iPadをUSBケーブルでつないでインターネットに接続する

　テザリングできるように設定したiPhone/iPadとMacをUSBケーブルでつなぐと、自動的にインターネットに接続できるようになります。
　Safariを起動して、Webページが表示できるか確認してください。

MacとiPhone/iPadをUSBケーブルで接続します

→ POINT
iPhone/iPadを接続した際、「写真」やiTunesが起動したらそのまま終了してかまいません。

→ POINT
iPhone／iPadで「このコンピュータを信頼しますか？」と表示されたら、「信頼」をタップしてください。

→ POINT
テザリングでMacからインターネットに接続すると、画面上部または時計表示が塗りつぶされて表示されます。

表示されます

● MacとiPhone/iPadをWi-Fiでつないでインターネットに接続する

　MacからiPhone/iPadにWi-Fiで接続して、インターネットに接続することもできます。

　Macからはメニューバー右上の をクリックして、リストから「iPhone」を選択します。

　Wi-Fi接続のパスワードは、iPhone/iPadの「インターネット共有」設定画面の「"Wi-Fi"のパスワード」をタップすると表示されるので、正しく入力してください（パスワードの入力は初回だけ必要です）。

　また、iPhoneに表示された"インターネット共有"を共有」をタップすると、パスワードを入力せずにインターネット接続できます。接続できると、メニューバーのアイコンが に変わります。

iPhoneに表示された「"インターネット共有"を共有」をクリックすると、Macでパスワードを入力しなくてもインターネット接続できます

Section 2-4 ファイアウォールを設定して外部からの不正アクセスを防ぐ

▶ Section 2-4 　「システム設定」▶「ネットワーク」▶「ファイアウォール」

ファイアウォールを設定して外部からの不正アクセスを防ぐ

インターネットはたいへん便利なものですが、無防備に接続していると自分のMacに危険がおよぶこともあります。ファイアウォールを設定すると、ネットワークを通じて外部からMacに対して通信の受信を許可するかどうかを設定できます。Macを安全に利用するために、ファイアウォールはオンにしておくとよいでしょう。

ファイアウォールをオンにする

　ファイアウォールとは、インターネットなどのネットワークに接続している際に、外部からの不正アクセスを防御するための機能のことです。
　初期設定ではオフになっているので、オンにして利用することをおすすめします。

01 「システム設定」の「ネットワーク」を選択

「システム設定」を起動して、「ネットワーク」をクリックします。
「ファイアウォール」が「停止」になっている場合はクリックします。

02 ファイアウォールを有効にする

「ファイアウォール」をオンにします。

Column

アプリケーションごとに設定する

「オプション」ボタンをクリックすると、特定のアプリへの接続を許可できます。
また「外部からの接続をすべてブロック」をオンにすると、インターネット接続以外のアクセスもブロックできます。ファイル共有などもブロックされるので、公衆無線LANを使用する場合などに利用するとよいでしょう。

Chapter

3

デスクトップの表示の設定

Macの起動後に表示されるデスクトップは、Macを使う上で基本となるものです。機能や表示方法の設定を覚えて、スマートに格好良くMacを使えるようになりましょう。

Section 3-1	ディスプレイの表示解像度などを変更する
Section 3-2	デスクトップとウィジェットの表示設定
Section 3-3	ウインドウの大きさや場所を変更する
Section 3-4	ウインドウを画面全体に表示する（フルスクリーン表示）
Section 3-5	アプリやデスクトップを切り替える（Mission Control）
Section 3-6	画面のタイル表示
Section 3-7	Dockを使いこなす
Section 3-8	外観モードやスクロールバーの設定
Section 3-9	デスクトップの壁紙やスクリーンセーバを変更する
Section 3-10	Siriを使う
Section 3-11	通知の表示方法を変更する（通知センター）
Section 3-12	コントロールセンターとメニューバーの設定
Section 3-13	集中モード（おやすみモード）
Section 3-14	ステージマネージャ
Section 3-15	デスクトップのスタック表示
Section 3-16	表示中の画面を画像として保存する（スクリーンショット）
Section 3-17	スクリーンタイムを使う

Chapter 3 デスクトップの表示の設定

▶ Section 3-1　「システム設定」▶「ディスプレイ」

ディスプレイの表示解像度などを変更する

ディスプレイの画面や文字の表示が小さいときは、解像度を変更しましょう。ディスプレイ（モニタ）の表示解像度やカラープロファイルなどのディスプレイの表示に関する設定は、「システム設定」の「ディスプレイ」で行います。

ディスプレイの設定を行う

ディスプレイの設定は、「システム設定」の「ディスプレイ」で行います。表示解像度やカラープロファイルの設定が可能です。

01 「ディスプレイ」で表示解像度などを設定する

解像度のリストから表示解像度を選択します。「デフォルト」と表示されている解像度が、ディスプレイに最適な解像度です。画面が小さく見にくい場合は、小さな数値の解像度を選択してください（リストの下に行くほど小さくなります）。
また、ノート型のMacやiMacでは「輝度」の設定もできます。

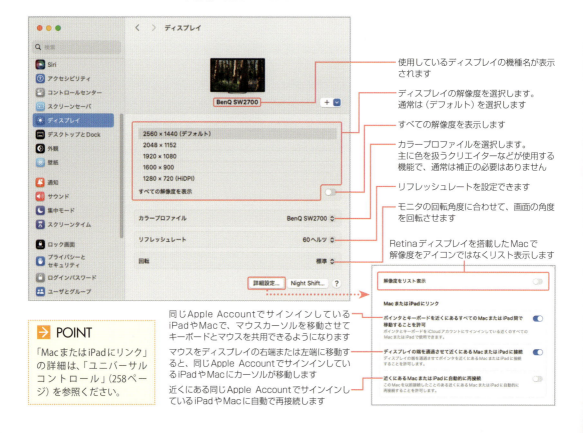

使用しているディスプレイの機種名が表示されます

ディスプレイの解像度を選択します。通常は（デフォルト）を選択します

すべての解像度を表示します

カラープロファイルを選択します。主に色を扱うクリエイターなどが使用する機能で、通常は補正の必要はありません

リフレッシュレートを設定できます

モニタの回転角度に合わせて、画面の角度を回転させます

Retinaディスプレイを搭載したMacで解像度をアイコンではなくリスト表示します

同じApple Accountでサインインしているi PadやMacで、マウスカーソルを移動させてキーボードとマウスを共用できるようになります

マウスをディスプレイの右端または左端に移動すると、同じApple Accountでサインインしているi PadやMacにカーソルが移動します

近くにある同じApple Accountでサインインしているi PadやMacに自動で再接続します

→ POINT

「MacまたはiPadにリンク」の詳細は、「ユニバーサルコントロール」（258ページ）を参照ください。

46

Section 3-1 ディスプレイの表示解像度などを変更する

⏻ Column

Retinaモデルの設定画面

Retinaディスプレイを搭載したMacでは右の画面となり、アイコンで解像度を選択できます。
また、一部のMacでは「True Tone」が利用できます。「True Tone」は、周囲の光の明るさに応じてディスプレイの色と明度を自動で調整し、画像を自然に表示する機能です。

⏻ Column

カラープロファイルとは

Macの周辺機器には、色を扱うものがたくさんあります。モニタ、スキャナ、プリンタなどです。これらの機器は、メーカーやグレードが異なると、同じ「赤」でも、モニタで表示される「赤」とプリントアウトしたときの「赤」はまったく同じにはなりません。このような機器間の色の不整合をなくし、どの機器でも同じ色が表現できるようにするための定義ファイルがプロファイルです。通常、使用しているディスプレイのプロファイルが自動で表示されるので、そのプロファイルを選択してください。外部モニタの使用時にプロファイルが表示されない場合は、「sRGBプロファイル」を選択しておくとよいでしょう。

⏻ Column

リフレッシュレートとは

外部モニタをアナログケーブルで接続すると、リフレッシュレートが表示されます。
リフレッシュレートは1秒間に画面を切り替える回数を表し、数字が多いほうが回数が多くなり、ちらつきが少なくなります。

⏻ Column

解像度とは

ディスプレイは、小さな点（ピクセル）を集めて画面として表示しています。解像度は、画面の大きさを縦横の点の数で示したものです。1920×1080であれば、横方向に1920個、縦方向に1080個の点で表示するということです。最大解像度は、使用するモニタによって決定します。

02 「Night Shift」で色温度を設定する

「Night Shift」パネルでは、夜間にモニタの表示色に影響するディスプレイの色温度を暖色系に変更します。夜間に明るいブルーライトを見て、身体のリズムが崩れるのを防ぎます。

色を変更しません
「開始」と「終了」で指定した時間に色を変更します
日の入から日の出までの間に色を変更します

表示する色温度を設定します
オンにすると、明日まで設定がオンになります

47

Chapter 3 デスクトップの表示の設定

▶ Section 3-2 　「デスクトップ項目」/「システム設定」▶「デスクトップとDock」/「ウィジェットを編集」

デスクトップとウィジェットの表示設定

 Macの作業画面であるデスクトップには、ファイルやディスクを表示するだけでなく、ウィジェットを表示できます。アプリやFinderウィンドウが表示されている場合、壁紙をクリックするだけですべてのウインドウを非表示にすることもできます。

デスクトップの表示

デスクトップは、アプリのウインドウやFinderウインドウを表示する作業領域のことです。外付けディスクや内蔵ディスクのアイコンを表示したり、ファイルやフォルダをデスクトップに置くこともできます。これらのアイコン等を「デスクトップ項目」といいます。

また、通知センターに表示されるウィジェットをデスクトップに表示することもできます。初期設定では、壁紙部分をクリックすると、ウインドウが非表示になり、デスクトップ項目とウィジェットだけが表示されます。

1. デスクトップにアプリやFinderのウインドウが表示されます

2. 壁紙部分をクリックします

3. ウインドウが非表示になり、デスクトップ項目とウィジェットが表示されます

壁紙部分をクリックすると元に戻る

⏻ Column
デスクトップに内蔵ディスクを表示する

Finderを選択して、「Finder」メニューから「設定」を選択します。「一般」タブをクリックして、「デスクトップに表示する項目」で「ハードディスク」をチェックします。

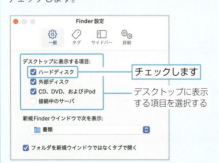

チェックします

デスクトップに表示する項目を選択する

48

デスクトップの表示設定

「システム設定」の「デスクトップとDock」でデスクトップの表示方法を設定できます。

表示するウィジェットの編集

通知センターの下に表示される「ウィジェットを編集」をクリックするか、デスクトップで control ＋クリック（または右クリック）して表示されるメニューから「ウィジェットを編集」を選択するとウィジェットがリスト表示され、ドラッグしてデスクトップや通知センターに配置できます。iPhoneウィジェットを配置することもできます。また、配置したウィジェットを削除できます。

Chapter 3 デスクトップの表示の設定

▶ Section 3-3　Finderウインドウ/「閉じる」ボタン/「しまう」ボタン

ウインドウの大きさや場所を変更する

アプリやFinderウインドウの大きさを変更できます。また、ドラッグして表示位置を自由に移動・変更できます。ウインドウが邪魔な場合は、Dockにしまって非表示にもできます。モニタの大きさに合わせて、使いやすい大きさや場所で使いましょう。

ドラッグで大きさを変更する

　ウインドウのエッジ部分にカーソルを移動するとカーソルの形状が変わり、ドラッグすると大きさを変更できます。ウインドウ上部をドラッグすると、移動できます。

ドラッグで移動できます

カーソルをエッジに合わせ、ドラッグして大きさを変更します

→ **POINT**
左右のエッジをドラッグすると幅だけが変わり、上下のエッジをドラッグすると高さだけが変わります。

→ **POINT**
ウインドウによっては、最小サイズが決まっていて、ドラッグしてもそれ以上小さくなりません。

→ **POINT**
ウインドウ左上の●をクリックすると、ウインドウを最大化できます。

ウインドウをDockにしまう

　ウインドウ左上に表示された●をクリックすると、ウインドウがDockに収納され、一時的に非表示になります。クリックすると、再表示できます。

クリックします

ShortCut
ウインドウをDockにしまう
⌘ + M

Dockに収納されます。クリックすると再表示できます

Section 3-3 ウインドウの大きさや場所を変更する

ウインドウを閉じる

ウインドウの左上にある❌をクリックすると、表示しているウインドウが閉じます。

Column

アプリのウインドウを閉じる際の注意

アプリには、ウインドウを閉じるとアプリが終了するもの（「リマインダー」や「連絡先」など）と、ウインドウだけが閉じてアプリはそのまま起動しているもの（「カレンダー」や「ミュージック」など）があります。そのまま起動しているアプリは、目に見えない状態ですがメモリを消費するので、アプリのメニューから「終了」（⌘＋Q）を選択してください。
アプリの切り替えについては、53ページを参照してください。

Column

メニューの文字サイズを変更する

デスクトップに表示されるメニューや、各種ウインドウやファイル名の文字サイズを変更できます。
「システム設定」の「アクセシビリティ」から「ディスプレイ」を選択し、「テキストサイズ」で変更してください。また「メニューバーのサイズ」を「大」にすると、メニューバーに表示される文字サイズを大きくできます。

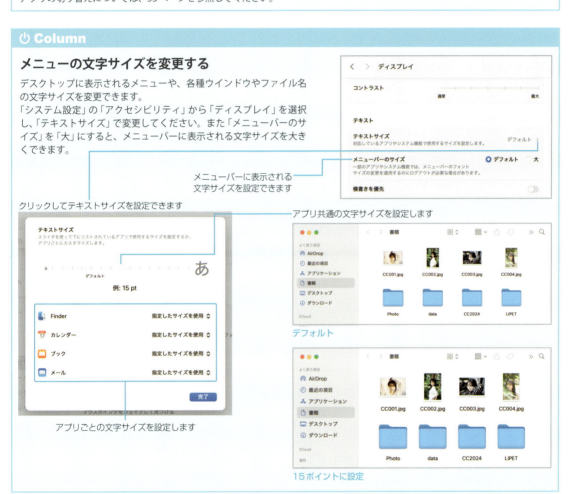

メニューバーに表示される文字サイズを設定できます

クリックしてテキストサイズを設定できます

アプリごとの文字サイズを設定します

アプリ共通の文字サイズを設定します

デフォルト

15ポイントに設定

Column

サイドバーのアイコンと文字サイズの設定

Finderウインドウなどのサイドバーのアイコンと文字サイズだけ、大／中／小の3段階で設定できます。「システム設定」の「外観」の「サイドバーのアイコンサイズ」で設定してください（60ページを参照）。

Chapter 3 デスクトップの表示の設定

▶ Section 3-4 　フルスクリーン表示

ウインドウを画面全体に表示する
（フルスクリーン表示）

 フルスクリーン表示は、モニタサイズいっぱいにFinderウインドウやアプリの画面を表示することをいいます。macOS Sequoiaでは、多くの標準アプリがフルスクリーン表示に対応しています。

フルスクリーン表示する

01　 ● をクリックする

ウインドウ左上にある最大化ボタン ● をクリックします。表示されたメニューの「フルスクリーンにする」を選択してもかまいません。

02　フルスクリーン表示になる

フルスクリーン表示になりました。
画面上部にカーソルを移動すると、メニューバーを表示できます。メニューバーを表示後、グレー部分をクリックするとフォルダ名が表示され、左上にある ● をクリックすると、元のサイズの表示に戻ります。

クリックします

カーソルを画面上部に
移動すると、メニュー
バーが表示されます

クリックすると、
元のサイズの表
示に戻ります

➡ POINT

`esc` キーを押しても、元のサイズに戻せます。

⏻ Column

他のアプリと切り替え

フルスクリーン表示した状態で、画面下部にカーソルを移動するとDockが表示され、他のアプリに切り替えられます。
また、トラックパッド対応のMacでは、3本指で左右にスワイプするとフルスクリーン表示しているアプリを切り替えられます。

画面下部にカーソルを移動すると
Dockが表示され、他のアプリに
切り替えられます

Section 3-5 アプリやデスクトップを切り替える（Mission Control）

▶ Section 3-5 　「システム設定」▶「デスクトップとDock」▶「Mission Control」

アプリやデスクトップを切り替える（Mission Control）

Mission Controlを使用すると、開いているすべてのウインドウやアプリ、デスクトップを一覧表示して選択できます。新しいデスクトップを作成し、切り替えて作業することもできます。トラックパッドやMagic Mouseのショートカットを使うととても便利です。

「Mission Control」でアプリを切り替え

01 「Mission Control」を起動

「アプリケーション」フォルダから「Mission Control」を起動します。

ShortCut

Mission Controlを起動する
control + ↑

3本指で上にスワイプ
2本指でダブルタップ（Magic Mouse 使用時）

クリックします

02 アプリまたはウインドウをクリック

前面に表示したいアプリまたはウインドウをクリックして選択します。
画面上部には、フルスクリーン状態や他のデスクトップの名称が表示されます。

03 デスクトップを切り替える

Mission Control表示中に画面上部にカーソルを移動すると、デスクトップやフルスクリーン表示しているアプリのサムネールが表示されます。クリックして、切り替えたいデスクトップ表示やアプリを選択します。

POINT

選択したウインドウを画面上部のほかのデスクトップにドラッグすると、そのデスクトップで表示されます。

ShortCut

デスクトップを切り替える
3本指で左右にスワイプ（トラックパッド使用時）
2本指で左右にスワイプ（Magic Mouse 使用時）

アプリまたはウインドウをクリックします

いずれか選択します

画面上部でフルスクリーン表示しているアプリやデスクトップを選択できます

53

Column

新しいデスクトップを作る

Mission Control表示中に、カーソルを画面右上に移動すると表示されるデスクトップ追加ボタンをクリックすると、新しいデスクトップが追加されます。
現在表示中のアプリのウインドウまたはアプリアイコンを作成したデスクトップにドラッグすると、新しいデスクトップで表示できます。

クリックします

● 「システム設定」の「Mission Control」

　　Mission Controlの詳細は、「システム設定」の「デスクトップとDock」を選択し、「Mission Control」で設定できます。

使用状況に基づいて操作スペースを並び替えます

Mission Controlの起動方法を設定します

アプリを切り替えた際、アプリの開いているデスクトップに表示を切り替えます

アプリケーションごとにウインドウをグループにします

複数のディスプレイを使用している場合、個別の操作スペースを設定できます

ホットコーナー機能を設定できます。「デスクトップとスクリーンセーバ」の「スクリーンセーバ」にある「ホットコーナー」ボタンと同じ機能です

デスクトップを表示する方法を設定します

アプリケーションウインドウを表示する方法を設定します

Column

アプリを切り替える

+tabキーを押して現在使用中のアプリの一覧を表示し、使用するアプリを切り替えることができます。

使用するアプリを選択します

⌘+tabキーを押したまま、アイコンをクリックしても切り替えられます

Section 3-6 画面のタイル表示

▶ Section 3-6　最大化ボタンを長押し /「システム設定」▶「デスクトップとDock」

画面のタイル表示

複数の画面を並べて表示して作業したい場合に、画面サイズを変更して移動するのは意外に面倒なものです。タイル表示機能を使うと、素早く画面の両サイドに最大サイズで表示できます。

ドラッグで操作する

ウインドウを画面の端までドラッグするとタイル表示の領域が表示され、ウインドウを画面の端に大きなサイズで表示できます。

画面の端までドラッグします

ウインドウがタイル表示されました

> **POINT**
> optionキーを押しながらドラッグすると、すぐにタイル表示領域が表示されます。

> **POINT**
> タイル表示されたウインドウは、ドラッグして移動すると元のサイズに戻ります。

最大化ボタンを使う

Finderウインドウや一部のアプリでは、最大化ボタン●を長押しするとポップアップウインドウが表示され、タイル表示の位置を設定できます。

1. 長押しします
2. ポップアップが表示されるので、サイズと位置をクリックします

3. 指定した位置に表示されました

55

Chapter 3 デスクトップの表示の設定

複数のウインドウを一度にタイル表示することもできます。

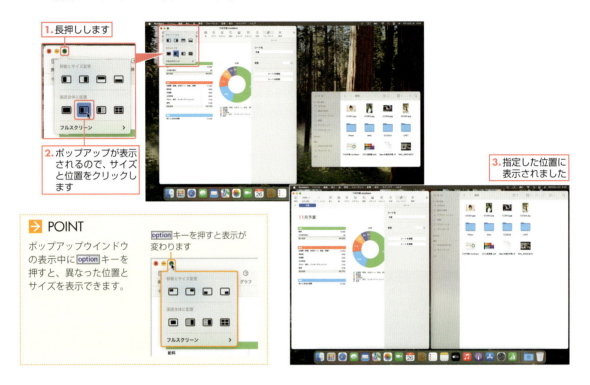

➡ POINT

ポップアップウインドウの表示中にoptionキーを押すと、異なった位置とサイズを表示できます。

optionキーを押すと表示が変わります

Column

「システム設定」の設定

「システム設定」の「デスクトップとDock」でタイル表示の設定ができます。

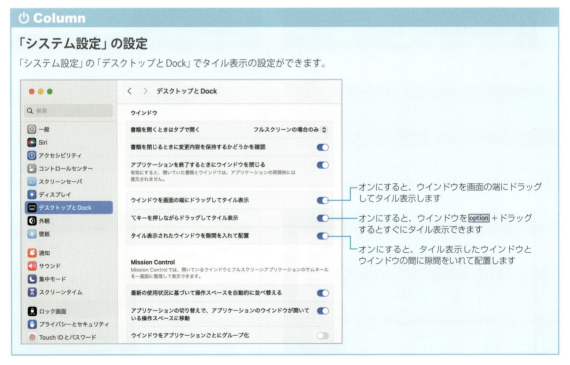

56

Section 3-7 Dockを使いこなす

▶ **Section 3-7**　Dock / スタック

Dockを使いこなす

Dockは、アプリを起動したりウインドウをしまっておくなど、Macで作業する際にたいへん便利な機能です。初期状態では常時表示されますが、使いたいときだけ表示するようにしたり、アイコンのサイズを変えることもできます。

アプリを起動する

　Dockに表示されたアプリのアイコンをクリックすると、アプリを起動できます。
　すでに起動しているアプリのアイコンの下には、インジケーター・ランプが表示されます。アイコンをクリックすると、アプリを切り替えられます。

アプリを登録する

　よく使うアプリをDockに登録できます。アプリは、Finderウインドウの「アプリケーション」で表示できます。

 POINT
Dockに登録されているアイテムは、ドラッグして表示位置を変更できます。

57

Chapter 3 デスクトップの表示の設定

ファイルやフォルダを登録する

よく使うファイルやフォルダも、Dockの右側に表示される仕切線の右側にドラッグすると、Dockに登録できます。Dockに登録したフォルダは「スタック」と呼ばれ、フォルダ内のファイルを表示できます。

> **Column**
>
> ### スタックの表示方法を変更する
>
> スタックを control キーを押しながらクリック（右クリックでも可）するとメニューが表示され、表示順序や表示形式を設定できます。
>
> スタックを control キーを押しながらクリックして、表示形式などを設定できます

Dockから削除する

アプリのアイコンやスタックをDockの外側にドラッグし、「削除」と表示された状態でマウスボタンを放すと、Dockから削除できます。

Dockに登録されたアプリやフォルダは、いわば「分身」なので、削除してもアプリやフォルダが削除されるわけではありません。

「削除」と表示された状態で放します

Section 3-7 Dockを使いこなす

Dockの大きさを変更する

Dockの右側に表示された仕切り線を上下にドラッグすると、Dockの大きさを変更できます。

上下にドラッグしてDockの大きさを変更できます

「システム設定」の「デスクトップとDock」で設定する

「システム設定」の「デスクトップとDock」の「Dock」ではDockの大きさ、拡大表示、表示位置などを設定できます。

> **POINT**
>
> 「システム設定」の「アクセシビリティ」にある「ディスプレイ」を表示して、「透明度を下げる」オプションをオンにすると、メニューバーやDockの透明度を下げられます。

選択します

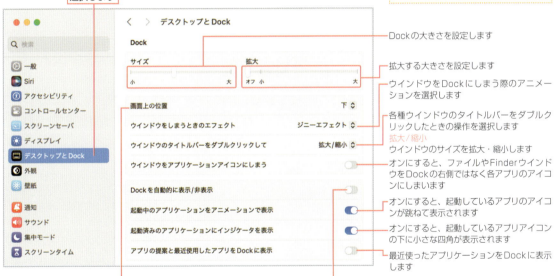

- Dockの大きさを設定します
- 拡大する大きさを設定します
- ウインドウをDockにしまう際のアニメーションを選択します
- 各種ウインドウのタイトルバーをダブルクリックしたときの操作を選択します
  拡大/縮小
  ウインドウのサイズを拡大・縮小します
- オンにすると、ファイルやFinderウインドウをDockの右側ではなく各アプリのアイコンにしまいます
- オンにすると、起動しているアプリのアイコンが跳ねて表示されます
- オンにすると、起動しているアプリアイコンの下に小さな四角が表示されます
- 最近使ったアプリケーションをDockに表示します

Dockを表示する位置を選択します(画面は「右」に設定した例)

オンにすると、Dockを使わないときは非表示になります。カーソルをDock表示位置に移動すると表示されます

59

Chapter 3 デスクトップの表示の設定

▶ Section 3-8　「システム設定」▶「外観」/「ライト」モード /「ダーク」モード

外観モードやスクロールバーの設定

 デスクトップのメニュー、ウインドウ、ボタンの明るさのことを外観モードといい、「ライト」モード（明るい）、「ダーク」モード（暗い）、時刻に応じて自動で切り替える「自動」を選択できます。また、ウインドウのスクロールバーの表示方法も設定できます。

外観モードとスクロールバーの表示方法を設定する

外観モードは、「システム設定」の「外観」で選択します。
「自動」を選択すると、時刻によって自動的に「ライト」モードと「ダーク」モードが切り替わります。

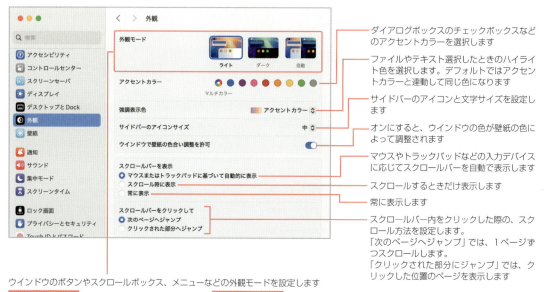

- ダイアログボックスのチェックボックスなどのアクセントカラーを選択します
- ファイルやテキスト選択したときのハイライト色を選択します。デフォルトではアクセントカラーと連動して同じ色になります
- サイドバーのアイコンと文字サイズを設定します
- オンにすると、ウインドウの色が壁紙の色によって調整されます
- マウスやトラックパッドなどの入力デバイスに応じてスクロールバーを自動で表示します
- スクロールするときだけ表示します
- 常に表示します
- スクロールバー内をクリックした際の、スクロール方法を設定します。
「次のページへジャンプ」では、1ページずつスクロールします。
「クリックされた部分にジャンプ」では、クリックした位置のページを表示します

ウインドウのボタンやスクロールボックス、メニューなどの外観モードを設定します

「ライト」モード　　　　　　　　　「ダーク」モード

> **POINT**
>
> 「自動」を選択したときは、壁紙を「ダイナミックデスクトップ」に設定し、「自動」にしておくと、「デスクトップピクチャ」も自動で変わります。

60

Section 3-9 デスクトップの壁紙やスクリーンセーバを変更する

▶Section 3-9 　「システム設定」▶「壁紙」「スクリーンセーバ」

デスクトップの壁紙やスクリーンセーバを変更する

 Macのデスクトップの壁紙は、自分の好きな画像に変更できます。また、Macを一定時間操作しないと表示されるスクリーンセーバの種類も変更できます。

壁紙を変更する

　Macを起動した際のデスクトップに表示される壁紙は、初期状態以外の画像に変更できます。アップルメニューから「システム設定」を開き、「壁紙」を選択します。リストから壁紙をクリックして選択してください。
　Macに用意された写真から選択するだけでなく、デジタルカメラで撮影した写真など、自分の好きな写真も使用できます。「フォルダまたはアルバムを追加」から壁紙の入っているフォルダや、「写真」アプリのアルバムを選択すると、壁紙のリストの最下部に追加されます。

外付けディスプレイを使用している場合は、プレビュー画面の下に表示されたモニタ名を選択してから、設定してください

オンにすると選択した壁紙をスクリーンセーバとして表示します。スクリーンセーバとは、Macを一定時間操作しなかったときに表示される映像のことです

オンにすると、すべてのデスクトップに同じ壁紙が表示されます。オフにすると、デスクトップごとに設定できます。設定するデスクトップを表示して設定してください

フォルダに保存した画像や、「写真」アプリのアルバムを壁紙の素材として追加します

「写真」アプリ（230ページを参照）の写真を壁紙に設定します

クリックして選択します

61

Chapter 3 デスクトップの表示の設定

Column

壁紙を定期的に変更する

カラーや追加したフォルダ、「写真」アプリのアルバムでは、「自動切り替え」を選択すると、画像を一定間隔で変更できます。

カラーや画像を指定した間隔で変更するときに選択します

壁紙が変わる間隔を設定します

フォルダ内の画像をランダムに表示するときにチェックします

スクリーンセーバを変更する

　壁紙と異なったスクリーンセーバを設定したり、スクリーンセーバの動きをプレビューしたりするには、「システム設定」の「スクリーンセーバ」を使います。

　リストから、お好きなスクリーンセーバをクリックして選択します。上部のプレビュー画像をダブルクリックすると、スクリーンセーバがプレビュー表示されるので、参考にしてください。

1. クリックします
2. スクリーンセーバを選択します

プレビューが表示されます。ダブルクリックすると実際の画面でテスト表示できます。
テスト表示は、マウスをクリックするかキーボードの任意のキーを押すと終了します

オンにすると選択したスクリーンセーバを壁紙として表示します。

オンにすると、すべてのデスクトップに同じスクリーンセーバが表示されます。オフにすると、デスクトップごとに設定できます。設定するデスクトップを表示して設定してください。

ランダムに表示する時に選択します

➡ POINT

スクリーンセーバ開始までの時間は、「システム設定」の「ロック画面」(146ページ参照)を表示し、「使用していない場合はスクリーンセーバを開始」で設定してください。

Section 3-10 Siriを使う

▶ Section 3-10 　「システム設定」▶「Siri」/ メニューバー ▶「Siri」

Siriを使う

 iPhone/iPadでは一般的なSiriがMacでも利用できます。各種アプリと連係して、便利に活用しましょう。

検索する

Siriに質問すると、Web等で検索した結果が表示されます。

01 Siriを起動して質問する

画面右上のメニューバーにある●をクリックします。
調べたい内容を話しかけます。

02 情報が表示される

検索された情報が表示されます。

> **→ POINT**
> 「システム設定」の設定によっては、Macに「Hey! Siri」と問いかけても起動できます(65ページ参照)。

> **→ POINT**
> Siriはインターネットに接続していないと利用できません。

> **→ POINT**
> 画面では、Siriとのやり取りがわかりやすいようにユーザの問いかけを表示する「Siriキャプションを常に表示」と「話した内容を常に表示」をオンに設定しています(設定は、65ページを参照)。

1. クリックします
2. 表示されます
3. 話しかけた質問が表示されます

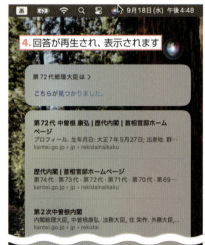

4. 回答が再生され、表示されます

ShortCut

Siriを起動
⌘ + ␣ (スペースキー)

> **→ POINT**
> Siriを終了するには esc キーを押します。

63

便利な使い方

Webでの検索だけでなく、Macのアプリとも連係して活用できます。いくつか活用例を紹介します。

●「ミュージック」の音楽を再生する

Siriにアーティスト名や楽曲名を再生するように話しかけると、「ミュージック」の曲を再生できます。

1. Siriを起動し聞きたいアーティストを話しかけます

2.「ミュージック」が起動して再生されます

●リマインダーに登録する

忘れそうな要件をリマインダーに登録できます。

1. 要件をリマインドするように話しかけます

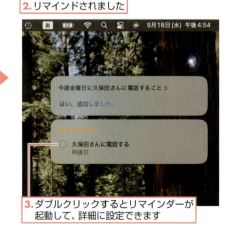

2. リマインドされました

3. ダブルクリックするとリマインダーが起動して、詳細に設定できます

Section 3-10 Siriを使う

Column

ファイル検索は不可

Sequoiaでは、Siriでファイル名を指定して検索することができません。Finderウインドウを開き、ファイル名で検索してください（115ページのSpotlightを参照）。

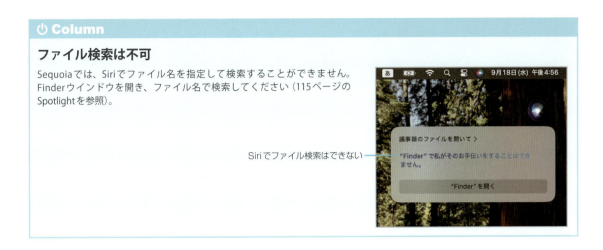

Siriの設定

「システム設定」の「Siri」では、Siriに関する各種設定を行うことができます。

Chapter 3 デスクトップの表示の設定

▶ Section 3-11　「システム設定」▶「通知」/ メニューバー ▶「通知センター」

通知の表示方法を変更する（通知センター）

macOS Sequoiaでは、カレンダーやリマインダーの項目や、メール・メッセージ・FaceTimeなどの着信記録が画面右上に表示され、通知センターに記録されます。通知のポップアップの表示方法や、通知センターでの表示件数などは変更できます。

通知と通知センター

　メッセージやリマインダーなどを通知に設定しておくと、バナーや通知パネルが画面右上に表示されます。また、メニューバー右上の日付部分をクリックすると通知センターが表示され、非表示になった通知や登録したウィジェットを利用できます。

1. クリックします

2. 通知センターが表示されます

バナー
すぐに非表示となります

通知パネル

通知センターが表示され、カレンダーやリマインダー、未読のメール・メッセージなどが表示されます

リマインダーの通知表示

クリックして通知を消去できます　　操作を選択できます

> **POINT**
> 通知センター下部に表示された「ウィジェットを編集」をクリックすると通知センターやデスクトップで表示するウィジェットを設定できます。ウィジェットの表示については、49ページを参照ください。

66

Section 3-11 通知の表示方法を変更する（通知センター）

通知の表示方法を変更する

「システム設定」の「通知」では、画面右上にポップアップ表示する通知のスタイルを、アプリごとに設定できます。

Chapter 3 デスクトップの表示の設定

▶Section 3-12　メニューバー ▶「コントロールセンター」/「システム設定」▶「コントロールセンター」

コントロールセンターとメニューバーの設定

コントロールセンターは、メニューバーから各種機能の設定画面を呼び出せる便利な機能です。コントロールセンターの表示項目は、「システム設定」で設定でき、メニューバーに単独で表示することもできます。

コントロールセンターを使う

ここでは、AirDropの設定で説明します。

01 コントロールセンターを表示

メニューバーの ▨ をクリックしてコントロールセンターを表示し、設定する項目（ここではAirDrop）をクリックします。

02 AirDropの設定をする

AirDropの設定画面に変わります。ここで、AirDropのオン／オフや対象を設定できます。

AirDropのオン／オフを設定できます

AirDropの相手を設定できます

コントロールセンターとメニューバーの表示

コントロールセンターに表示される項目は、メニューバーにアイコンとして表示するかどうかも設定できます。コントロールセンターに集約すれば、メニューバーのアイコン表示を減らすことができます。

設定は、「システム設定」の「コントロールセンター」で行います。

68

Section 3-12 コントロールセンターとメニューバーの設定

コントロールセンターモジュール

「コントロールセンターモジュール」の項目は、コントロールセンターに常に表示されます。
これらの項目は「メニューバーに非表示」を選択すると、メニューバーの表示がオフになります。
「使用中に表示」を選択すると、その項目を使用中のときだけメニューバーに表示されます。

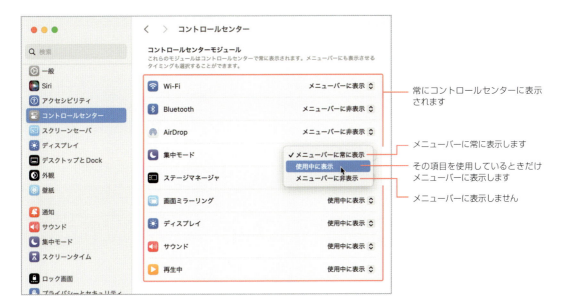

その他のモジュール

コントロールセンターの表示/非表示、メニューバーの表示/非表示を設定できる項目です。

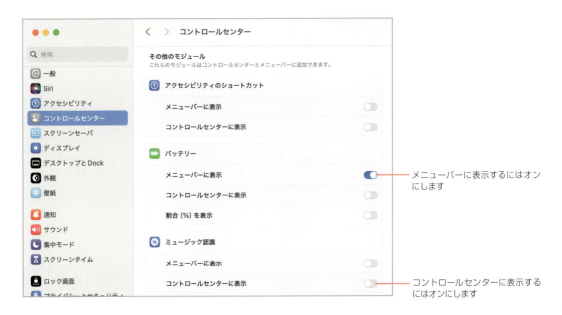

メニューバーのみ

メニューバーにのみ表示できる項目です。

メニューバーの表示／非表示を設定します

> **POINT**
> 「時計のオプション」の設定は、148ページを参照してください。

メニューバーを自動的に表示/非表示

メニューバーを非表示にする状態を選択できます。

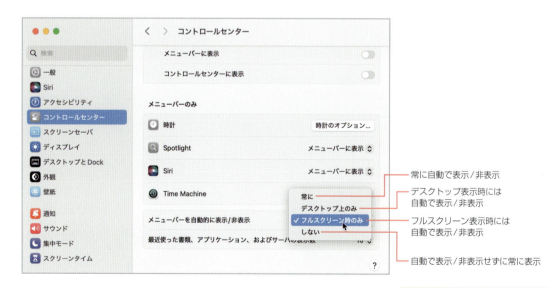

- 常に自動で表示/非表示
- デスクトップ表示時には自動で表示/非表示
- フルスクリーン表示時には自動で表示/非表示
- 自動で表示/非表示せずに常に表示

> **POINT**
> 非表示状態でも、マウスカーソルを画面上部に移動させるとメニューバーは表示されます。

Section 3-13 集中モード（おやすみモード）

▶Section 3-13　「システム設定」▶「集中モード」/ メニューバー ▶「コントロールセンター」▶「おやすみモード」

集中モード（おやすみモード）

 夜間や仕事で集中したい時間に、通知が届かないように設定できます。おやすみモード以外に、用途に合わせた集中モードを作成できます。

「システム設定」の「集中モード」

「システム設定」の「集中モード」では、集中モードのオン／オフや通知を許可する人などを設定できます。

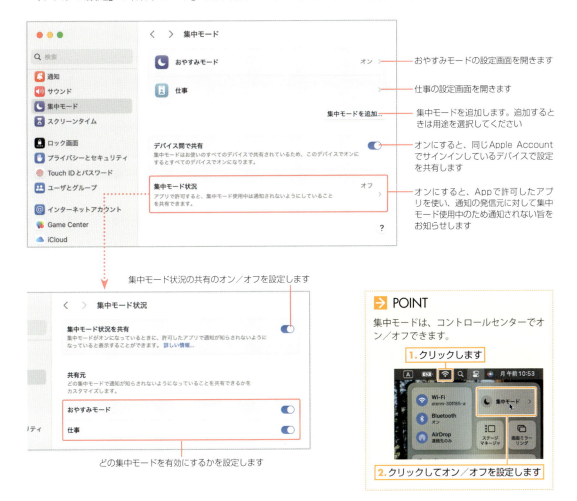

71

集中モードの設定

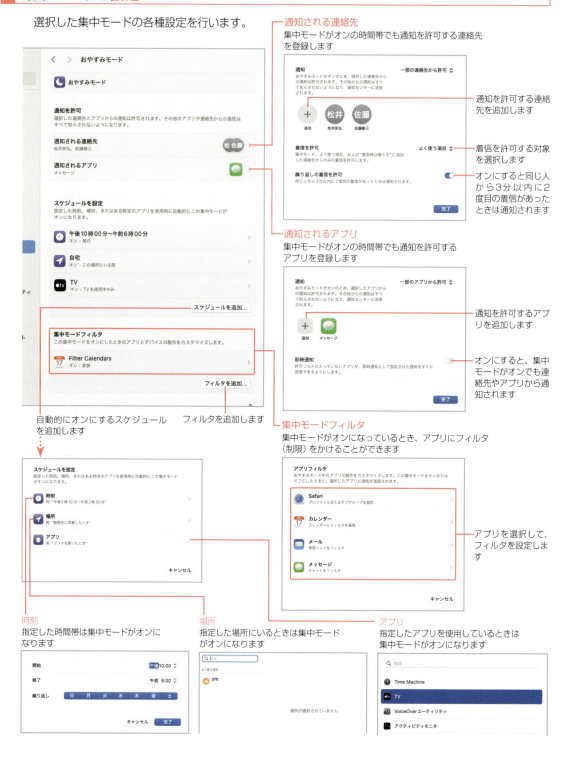

ステージマネージャ

▶ Section 3-14　メニューバー ▶「コントロールセンター」▶「ステージマネージャ」/「システム設定」▶「デスクトップとDock」

　「ステージマネージャ」は、使用しているアプリケーションやウインドウを画面左側にまとめて表示し、簡単に作業対象を切り替えられる機能です。

「ステージマネージャ」のオン／オフ

「ステージマネージャ」のオン／オフは、コントロールセンターで行います。

クリックしてオン／オフを切り替えられます

「ステージマネージャ」の表示

「ステージマネージャ」をオンにすると、最前面に表示されていたアプリケーションのウインドウだけが表示され、他のアプリケーションのウインドウは画面左側にサムネイルで表示されます。
サムネイルをクリックすると、クリックしたアプリケーションだけが表示されます。

最前に表示していたアプリケーション

起動しているアプリケーションがサムネイル表示されます。
使用したいサムネイルをクリックします

クリックしたアプリケーションが表示されます

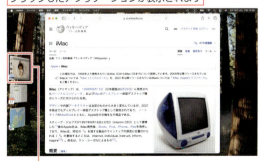

サムネイル表示になります

ステージマネージャの設定

「ステージマネージャ」での表示方法は、「システム設定」の「デスクトップとDock」を選択し、「デスクトップとステージマネージャ」の「ステージマネージャ」で設定します。

▶ Section 3-15　「スタックを使用」

デスクトップのスタック表示

画面のスナップショットなど、デスクトップには、ついつい多くのファイルが増えがちです。スタック表示を使うと、デスクトップの画像を種類や日付でまとめておき、必要なときにすべてのファイルを表示できます。

スタック表示

デスクトップ上で control キーを押しながらクリック（右クリックでも可）して、「スタックを使用」を選択します。

● Column
スタックの種別を設定する

デフォルトは種類ごとの表示ですが、デスクトップを control キーを押しながらクリック（右クリックでも可）して、「スタックのグループ分け」からまとめる種別を設定できます。

→ POINT

スタックをドラッグして、そのまま複数のファイルをまとめて移動したり、コピーすることができます。

75

Chapter 3 デスクトップの表示の設定

▶ Section 3-16　スクリーンショット

表示中の画面を画像として保存する
（スクリーンショット）

Macでは、画面に表示された状態を画像ファイルとして保存できます。画像で残しておきたいWebページを閲覧したときや、上級ユーザにわからないことを質問するときなど、知っておくと便利な機能です。

ウインドウや全画面をファイルに保存する

`shift`キーと`⌘`キーと`5`キーを同時に押します。画面下にオンスクリーンコントロールが表示されるので、画像に保存する種類を選択します。

1. `shift`キーと`⌘`キーと`5`キーを同時に押します

2. オンスクリーンコントロールが表示されるので、保存範囲を選択します。ここでは、「指定したウインドウを保存」を選択します

指定したウインドウを保存

全画面を保存　選択した部分を保存

3. 保存するウインドウを選択します。ハイライト表示されたウインドウが画像ファイルで保存されます。ウインドウが背面にあって、一部隠れている部分も写ります

▶ POINT

`control`キーを押しながらウインドウを選択すると、シャドウなしでウインドウを保存できます。

Section 3-16 表示中の画面を画像として保存する（スクリーンショット）

4. 保存した画面のサムネイルが表示されるので、クリックします

> **POINT**
> サムネイルは少し経つと表示されなくなりますが、画像はファイルとして保存されます。

5. プレビュー表示されます。この画面でマークアップ等が可能です

6. 完了したらクリックします
クリックすると保存しないで削除します

デスクトップに「**スクリーンショット 日付時刻**」という画像ファイルが作成されます

⏻ Column

選択した部分をファイルに保存する

選択部分をファイルに保存するには、「選択した部分を保存」を選択し、選択範囲を指定して「取り込む」をクリックします。

1. 選択します
3. クリックします

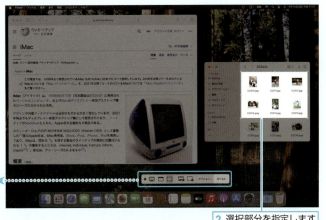

2. 選択部分を指定します

オンスクリーンコントロールの設定

オンスクリーンコントロールでは、ファイルの保存する範囲を選択するだけでなく、ファイルを保存する場所やタイマー設定などが可能です。

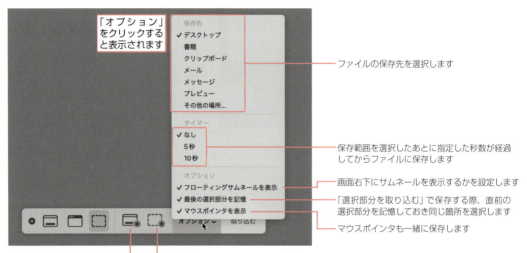

Column

画面操作を動画で保存

shift + ⌘ + 5 キーを押して、画面下に表示されたオンスクリーンコントロールで「画面全体を収録」または「選択範囲を収録」をクリックすると、画面の動きを動画ファイルで保存できます。
収録を終了するには、ツールバーの ⏹ をクリックしてください。

以前の機能を使う

Sequoiaでは、従来のショートカットキーによるスクリーンショットも使用できます。
ファイルを保存する場所は、 shift + ⌘ + 5 キーを押して表示されるオンスクリーンコントロールでの設定と同じになります。

全画面を保存　　　shift + ⌘ + 3
選択部分を保存　　shift + ⌘ + 4
ウインドウを保存　shift + ⌘ + 4 のあとに ␣ （スペース）キー

Section 3-16 表示中の画面を画像として保存する（スクリーンショット）

キーアサインを変更する

「システム設定」の「キーボード」を選択し、「キーボードショートカット」をクリックします。ポップアップウインドウで「スクリーンショット」を選択し、キーアサインを変更できます。

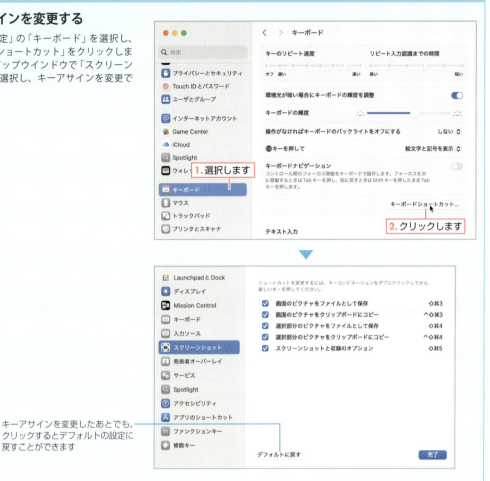

キーアサインを変更したあとでも、クリックするとデフォルトの設定に戻すことができます

 POINT

Touch Barの画像をスクリーンショットで保存するには、`shift`＋`⌘`＋`6`キーを押します。

Chapter 3 デスクトップの表示の設定

▶ Section 3-17 「システム設定」▶「スクリーンタイム」

スクリーンタイムを使う

「システム設定」の「スクリーンタイム」では、Macでのアプリの使用状況や、通知の受信回数などがグラフ表示されます。また、休止時間などMacの使用に関する制限を設定し、子供が安全に使用できる環境を設定できます。

スクリーンタイムを設定する

スクリーンタイムは、「システム設定」の「スクリーンタイム」で確認、設定します。
「アプリとWebサイトのアクティビティ」をクリックしてオンにすると、下記の画面が表示されます。

Chapter

4

Finderの表示と
ファイル操作

欲しいデータをすぐに探し出したり、必要なファイルを効率的に選択するなど、ファイルの操作はMacを使いこなす上でとても重要です。基本だからこそ、見直してみると新しい発見があります。

Section 4-1 　Finderでファイルを見る
Section 4-2 　フォルダの構成
Section 4-3 　サイドバーを使いこなす
Section 4-4 　Finderウインドウの表示方法を変更する
Section 4-5 　プレビューの表示
Section 4-6 　グループ表示
Section 4-7 　アイコン表示のアイコンの大きさを変える
Section 4-8 　ファイルやフォルダを選択する
Section 4-9 　フォルダを作成する
Section 4-10 　ファイルを移動する
Section 4-11 　ファイルをコピーする/ファイル名やフォルダ名を変更する
Section 4-12 　複数のファイルの名前を一括して変更する
Section 4-13 　ファイルの拡張子の表示方法を覚えよう
Section 4-14 　iCloud Driveを使う
Section 4-15 　ファイルやフォルダを圧縮する/元に戻す（解凍する）
Section 4-16 　不要なデータを削除する
Section 4-17 　ファイルやフォルダの分身を作成する（エイリアス）
Section 4-18 　ファイルを検索する（Spotlight）
Section 4-19 　タグを付けてファイルを管理する
Section 4-20 　アプリを起動せずにファイルの内容を確認する（クイックルック）
Section 4-21 　アップルメニューの「最近使った項目」を使う
Section 4-22 　外付けディスクやUSBメモリを初期化する

Chapter 4 Finderの表示とファイル操作

▶ Section 4-1　Finderウインドウ/「最近の項目」/「新規Finderウインドウ」/「新規タブ」

Finderでファイルを見る

Finderウインドウは、Mac内に保存されている画像やテキストなどのデータを表示するウインドウです。ファイルのコピーや移動などの操作は、Finderウインドウで行います。

1つめのFinderウインドウを開く

1つめのFinderウインドウを開くには、Dockにある「Finder」をクリックします。

01　Dockの「Finder」をクリック

Dockの「Finder」をクリックします。

クリックします

02　Finderウインドウが開く

Finderウインドウが開き、「最近の項目」が表示され、最近表示したり作成したりしたファイルが表示されます。左側にはサイドバーが表示され、よく使うフォルダなどが表示されます。
表示する項目は、変更できます (89ページ参照)。

Finderウインドウが開き、「最近の項目」が表示されます

サイドバー

> **→ POINT**
> ウインドウ上部をドラッグすると、ウインドウを移動できます。

> **→ POINT**
> 「最近の項目」は、初期設定ではMacの中に保存されているすべてのファイルが対象となります。
> 表示したくないフォルダやファイルは、「システム設定」の「Spotlight」を選択し、画面の最下部にある「検索のプライバシー」をクリックします。「プライバシー」ウインドウで + をクリックして、非表示にするフォルダを設定します。

非表示に設定したフォルダ

82

新しいFinderウインドウを開く

新しいFinderウインドウを開くには、メニューバーに「Finder」と表示された状態で「ファイル」メニューから「新規Finderウインドウ」を選択します。

タブで新しいFinderウインドウを開く

Sequoiaでは、1つのFinderウインドウに新規タブを作成して、タブを切り替えることで複数のウインドウを表示できます。メニューバーの「ファイル」メニューから「新規タブ」を選択します。

タブ上にカーソルを移動すると×が表示され、クリックするとタブを閉じます

タブ表示されているとき、ここをクリックしてタブを追加できます

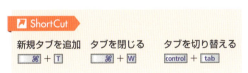

Column

アクションメニューから新しいタブを開く

ツールバーの ⊙ ˇ をクリックして「新規タブで開く」を選択しても、新しいタブを追加できます。
フォルダを選択して「新規タブで開く」を選択すると、選択したフォルダをタブで開けます。

Column

Finderウインドウの初期表示を変更する

Finderウインドウでは最初に「最近の項目」が表示されますが、他のフォルダを
表示するように変更できます。
「Finder」メニューから「設定」を選択して「Finder設定」ウインドウの「一般」
タブを表示します。「新規Finderウインドウで次を表示」のプルダウンメニュー
から表示するフォルダを選択します。

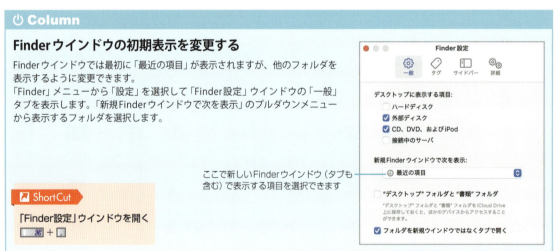

ここで新しいFinderウインドウ（タブも含む）で表示する項目を選択できます

ShortCut

「Finder設定」ウインドウを開く
⌘ + ,

Section 4-2 フォルダの構成

▶ Section 4-2　ハードディスク／ホームフォルダ／ユーザフォルダ／「移動」メニュー／パスバー／ステータスバー

フォルダの構成

Macを使う上で、知っておきたいのがフォルダの構成です。Macの中には、OSのデータ、アプリのデータ、自分で作成したり取り込んだりした画像などのデータが保存されています。これらのデータが、どこに入っているかを覚えておきましょう。

ファイルとフォルダ

　Macの内蔵ディスクには「ファイル」が保存されています。
　ファイルには、「写真などの画像ファイル」「アプリで作成した文書ファイル」など自分で作成したデータや、「Macを動作させるためのmacOSの構成ファイル」「アプリを動作させるためのプログラムファイル」などMacを動かすためのOSやアプリのデータもあります。OSのファイルはかなりの数になります。
　ファイルは、管理しやすいように「フォルダ」という入れ物に保存されています。

フォルダの内容を表示する

　Finderウインドウを表示し、「移動」メニューを使うと、よく使うフォルダをすばやく表示できます。
　フォルダの内容を表示するには、アイコンをダブルクリックします。

内容を表示すると、ネットワークに接続された他のMacやPCが表示されます

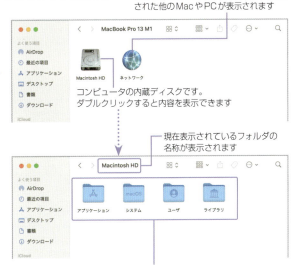

コンピュータの内蔵ディスクです。ダブルクリックすると内容を表示できます

現在表示されているフォルダの名称が表示されます

「Macintosh HD」に保存されているフォルダが表示されます。ダブルクリックして中身を表示できます

💡 Column

サイドバーからフォルダを表示する

Finderウインドウのサイドバーの「アプリケーション」「デスクトップ」「書類」「ダウンロード」をクリックすると、該当する各フォルダを表示できます。
サイドバーの表示項目は変更できます。89ページを参照してください。

85

Chapter 4 Finderの表示とファイル操作

フォルダの構造

　内蔵ディスクは下図のような構造になっており、Macを動かすのに必要なデータがフォルダごとに保存されています。ユーザが作成したり取り込んだりした画像データなどは、「ユーザ」フォルダの下のホームフォルダ内に保存されます。

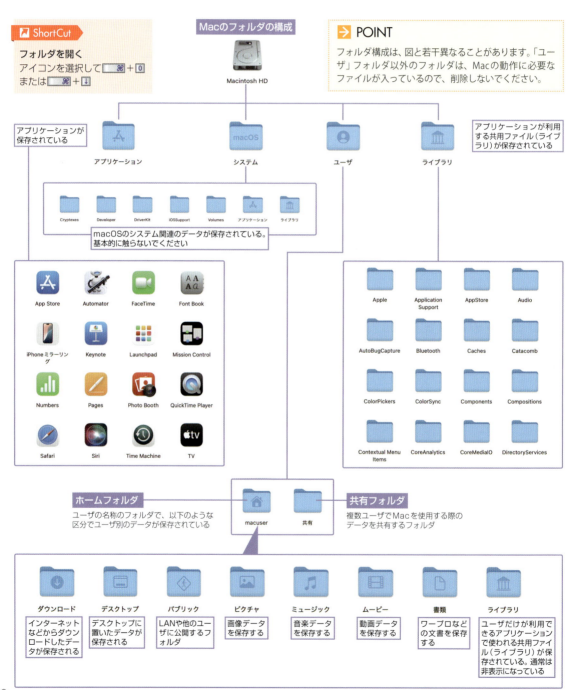

Section 4-2 フォルダの構成

> **POINT**
> macOS Catalina 以降、起動用システムは「Macintosh HD」、アプリやデータは「Macintosh HD - Data」という2つのボリュームが使用されています。Finderからは「Macintosh HD」だけが見え、特に2つのボリュームに分かれていると気にすることもなく、従来通りに使用できるようになっています。

Column

ユーザライブラリを表示する

ユーザフォルダ内の「ライブラリ」フォルダは、初期設定では表示されないので、内容を表示できません。「移動」メニューを option キーを押しながら表示すると「ライブラリ」が表示され、ユーザフォルダ内の「ライブラリ」フォルダを表示できます。

また、ホームフォルダを表示してから「表示」メニューの「表示オプションを表示」(⌘ + J)を選択し、表示されたウインドウの"ライブラリ"フォルダを表示」をオンにすると、常に「ホーム」フォルダ内の「ライブラリ」フォルダが表示されます。

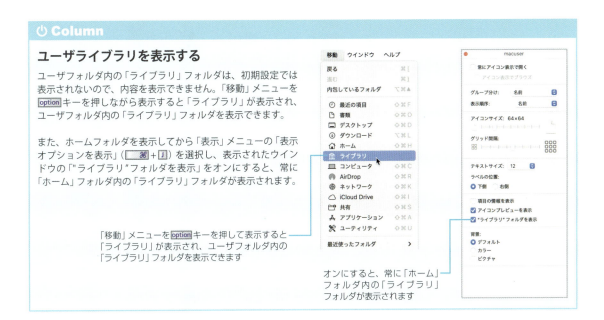

「移動」メニューを option キーを押して表示すると「ライブラリ」が表示され、ユーザフォルダ内の「ライブラリ」フォルダを表示できます

オンにすると、常に「ホーム」フォルダ内の「ライブラリ」フォルダが表示されます

パスバーやステータスバーを表示する

「表示」メニューの「パスバーを表示」(option + ⌘ + P キー)を選択すると、Finderウインドウの下部に現在のフォルダの階層を表示できます。

また、「表示」メニューの「ステータスバーを表示」(⌘ + / キー)を選択すると、フォルダ内のファイル／フォルダの数や、ディスクの空き容量を表示するステータスバーを表示できます。ステータスバーではアイコンサイズをスライダで変更できます。

ステータスバーには、ファイルやフォルダの数やディスクの空き領域が表示されます

アイコンのサイズを変更できます

現在の階層を表示するパスバーです

Column

フォルダ名から現在の階層を知る

Finderウインドウのフォルダ名を⌘キーを押しながらクリック（右クリックでも可）すると、現在のフォルダの上位フォルダがすべて表示されます。そのままクリックして、フォルダを移動することもできます。

⌘キーを押しながらクリック

また、optionキーを押し続けると、ウインドウ下部に現在のフォルダ階層を表示できます。

optionキーを押し続けるとウインドウ下部に表示される

Section 4-3 サイドバーを使いこなす

▶ Section 4-3　「Finder」メニュー▶「設定」/「ファイル」メニュー▶「サイドバーに追加」

サイドバーを使いこなす

Finderウインドウのサイドバーには、書類やデスクトップなど、よく使う項目がデフォルトで表示されています。この表示項目も使いやすく変更できます。

サイドバーに表示する項目を変更する

「Finder」メニューから「設定」を選択します。「Finder設定」ウインドウの「サイドバー」タブをクリックして表示し、サイドバーに表示する項目にチェックします。

Chapter 4 Finderの表示とファイル操作

4. サイドバーの表示項目が変わりました。ドラッグして表示位置を変更できます

ドラッグして表示する幅を調整できます

Column

分類を一時的に非表示にする

サイドバーの分類名の右側にカーソルを移動すると が表示され、クリックするとその分類は非表示になります。非表示の状態でカーソルを移動すると が表示され、クリックして再表示できます。

分類名の右側をクリックして、内容の表示／非表示を切り替えられます

よく使う項目をサイドバーに登録する

「ファイル」メニューの「サイドバーに追加」を選択すると、現在表示しているフォルダをサイドバーの「よく使う項目」に追加できます。また、Finderウインドウに表示したフォルダをサイドバーにドラッグしても登録できます。

1. 選択します

2. 登録されました

サイドバーに追加する
control + ⌘ + T

Column

サイドバーの項目を削除する

サイドバーの項目をドラッグしてFinderウインドウの外側に出すと削除できます。

▶ Section 4-4　「表示」メニュー ▶「アイコン」「リスト」「カラム」「ギャラリー」

Finderウインドウの表示方法を変更する

Finderウインドウには、取り込んだ画像ファイルや文書などのデータや、アプリなどを表示できます。初期状態はアイコンが表示されますが、ファイルをリストで表示したり、カラム表示などに変更できます。目的に応じて使い分けましょう。

アイコン表示にする

Finderウインドウ上部の ボタンをクリックします。ファイルやフォルダがアイコンで表示されます。

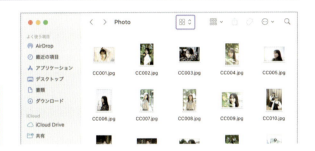

POINT
アイコンのサイズは変更できます。95ページを参照してください。

リスト表示にする

Finderウインドウ上部の ボタンをクリックします。ファイルやフォルダがリスト形式で一覧表示されます。

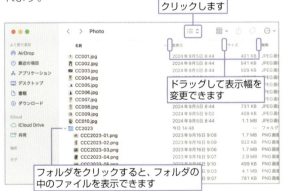

フォルダをクリックすると、フォルダの中のファイルを表示できます

クリックします

ドラッグして表示幅を変更できます

表示順の基準となっている項目に表示されます。
は昇順表示を表し、クリックして降順表示に変更できます。
他の項目をクリックすると、その項目での昇順降順となります

POINT
項目名をドラッグして、項目の表示順を変更できます。

POINT
ウインドウの幅が小さいときは、アイコンをクリックしてリストから選択して変更できます。

1. クリックします　　2. 選択します

POINT

リスト表示の項目名を `control` キーを押しながらクリック（右クリックでも可）すると、項目名が表示され、表示する項目を設定できます。

1. `control` ＋クリックします
2. 表示／非表示にする項目を選択します

カラム表示にする

Finderウィンドウ上部のボタンをクリックすると、ファイルやフォルダが階層順に表示されます。

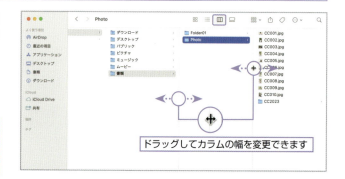

ドラッグしてカラムの幅を変更できます

POINT

ファイルを選択すると、右端のカラムにプレビューが表示されます。

ギャラリー表示にする

Finderウィンドウ上部の ボタンをクリックすると、ファイルやフォルダの内容が上部にプレビュー表示され、下部にサムネールが表示されます。→←キーで表示対象を変更できます。

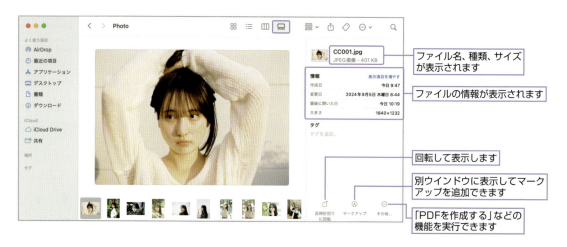

- ファイル名、種類、サイズが表示されます
- ファイルの情報が表示されます
- 回転して表示します
- 別ウインドウに表示してマークアップを追加できます
- 「PDFを作成する」などの機能を実行できます

Section 4-5 プレビューの表示

▶ Section 4-5　「表示」メニュー ▶「プレビューを表示」

プレビューの表示

Finderウインドウで選択したファイルは、ウインドウ右側に内容をプレビュー表示できます。どの表示方法でも、プレビューは表示されます。

プレビュー表示

「表示」メニューから「プレビューを表示」を選択します。表示されたウインドウの右側にプレビュー欄が表示され、選択したファイルをプレビュー表示できます。

「表示」メニューから「プレビューを非表示」を選択すると、プレビュー表示は非表示となります。

1. 選択します

2. 選択したファイルの内容がプレビュー表示されます

● どの表示方法でもOK

プレビューは、アイコン表示以外のすべての表示方法で表示されます。

リスト表示

カラム表示

ShortCut
プレビューを表示
shift + ⌘ + P

▶ POINT

ファイルの種類によっては、プレビュー表示されずにアイコン表示となります。プレビュー表示できるのは、汎用的な画像ファイル（JPEG、BMP、TIFF、PNGなど）や、PDFファイル、テキストファイルなどです。

Chapter 4 Finderの表示とファイル操作

▶ Section 4-6　「表示」メニュー ▶「グループを使用」

グループ表示

フォルダの内容を、ファイルの種類ごとにグループ分けした状態で表示できます。アイコン表示やリスト表示など、どの表示状態でも利用できます。

「グループを使用」を選択する

「表示」メニューから「グループを使用」を選択すると、フォルダ内のファイルがファイルの種類などのグループに分かれて表示されます。

選択します

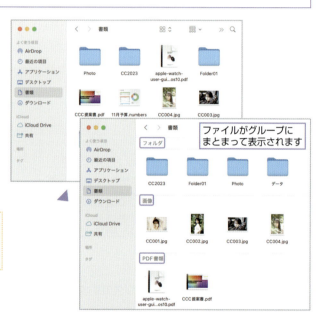

ファイルがグループにまとまって表示されます

リスト表示やカラム表示でも利用できます。

● グループの種別を設定する

デフォルトは種類ごとの表示ですが、「表示」メニューの「グループ分け」からグループの種別を選択できます。

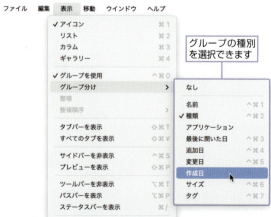

グループの種別を選択できます

94

Section 4-7　「表示」メニュー ▶「表示オプションを表示」

アイコン表示のアイコンの大きさを変える

アイコン表示のアイコンの大きさは変更できます。また、アイコンの間隔や並び順序も変更できます。

表示オプションを表示

　フォルダを開いた状態で、「表示」メニューから「表示オプションを表示」を選択します。表示されたウインドウの「アイコンサイズ」でアイコンの大きさ、「グリッド間隔」でアイコンの間隔が設定できます。
　それ以外にも、背景色などを設定できます。

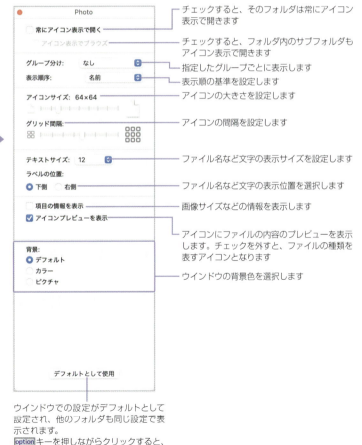

Chapter 4 Finderの表示とファイル操作

デフォルト設定

「アイコンサイズ」を大きく設定

Column

アイコンをきれいに並べる

「表示」メニューの「整頓」を選択すると、アイコンがきれいに整頓されて表示されます。また、アイコンを 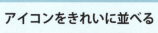 キーを押しながらドラッグすると、整頓された位置に移動できます。

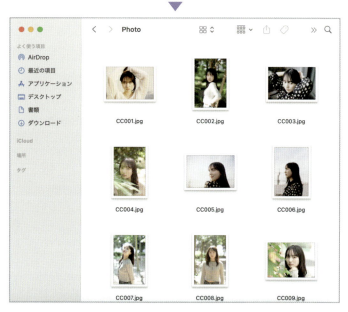

Column

ステータスバーで設定する

Finderウインドウにステータスバー（87ページ参照）を表示しているときは、右側のスライダーをドラッグして表示サイズを変更できます。

ドラッグしてサイズを変更できます

Section 4-8 ファイルやフォルダを選択する

▶ Section 4-8　ファイル / フォルダ / Finderウインドウ

ファイルやフォルダを選択する

Finderウインドウに表示されたファイルやフォルダをコピーしたり移動するには、ファイルやフォルダを選択する必要があります。効率的にファイルを管理するための第一歩は、ファイルやフォルダを選択する方法を覚えることです。

ファイルとフォルダ

　ファイルとは、Macで作成した文書や画像などのデータのことです。1つひとつに名称が付けられて、アイコンで表示されます。画像ファイルなどは、内容がプレビューされた状態で表示されます。

　フォルダはファイルを管理するための入れ物のことで、自由に作成できます。

　アプリもファイルでインストールされ、通常は「アプリケーション」フォルダに保管されます。

→ POINT

ファイルのアイコンは、内容を表示できるファイルはプレビュー画像が表示されます。プレビュー表示するかどうかは、「表示」メニューの「表示オプションを表示」で「アイコンプレビューを表示」で設定でき、オフにすると汎用アイコンで表示されます。

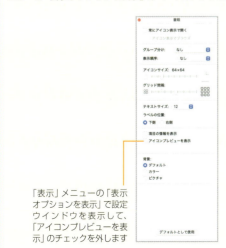

「表示」メニューの「表示オプションを表示」で設定ウインドウを表示して、「アイコンプレビューを表示」のチェックを外します

ファイルのアイコンが汎用アイコンで表示されます

97

ファイルを選択する

　ファイルをクリックすると選択され、反転表示されます。マウスをドラッグすると、ドラッグして表示される長方形に触れているファイルやフォルダをすべて選択できます。

1つのファイルを選択

複数のファイルを選択

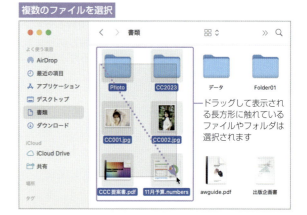

クリックすると選択され反転表示になります

> **POINT**
> アイコン上からドラッグを開始すると、アイコンが移動してしまうので、アイコン以外の場所からドラッグしてください。

⌘キーを使って選択

　⌘キーを押しながらクリック、またはドラッグすると、追加して選択できます。
　また、選択済みのファイルやフォルダを⌘キーを押しながらクリック、またはドラッグすると、選択解除できます。

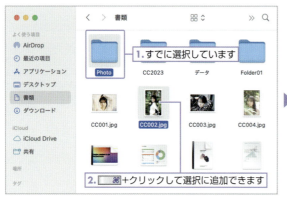

> **POINT**
> ⌘キーの代わりに shift キーを押しても、同様に選択できます。

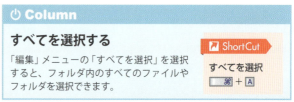

> **Column**
> **すべてを選択する**
> 「編集」メニューの「すべてを選択」を選択すると、フォルダ内のすべてのファイルやフォルダを選択できます。
>
> **ShortCut**
> すべてを選択
> ⌘ + A

Section 4-9 フォルダを作成する

▶ **Section 4-9**　アクションボタン ▶「新規フォルダ」/「ファイル」メニュー ▶「新規フォルダ」

フォルダを作成する

ファイルを管理するためのフォルダは、ホームフォルダの中であれば自由に作成できます。
ファイルを管理するために、フォルダを上手に活用しましょう。

フォルダを作成する

　Finderウインドウで、`control`＋クリック（または右クリック）して表示されるメニューから「新規フォルダ」を選択します。「ファイル」メニューの「新規フォルダ」を選択してもかまいません。
　「名称未設定フォルダ」が新規で作成されるので、名称を変更してください。

→ **POINT**
「編集」メニューの「取り消す」を選択すると、直前の操作を取り消せます。
ショートカットキーは `⌘`＋`Z`です。

→ **POINT**
フォルダ名が確定してしまっても、`return`キーを押すと編集できます。

新規フォルダ
`shift`＋`⌘`＋`N`

Column
ファイルをまとめるフォルダを作成する

フォルダにまとめたいファイルやフォルダを選択して、`control`＋クリック（または右クリック）して表示されるメニューから「選択項目から新規フォルダ」を選択します。新しいフォルダが作成され、選択したファイルやフォルダがフォルダ内に移動します。

99

Section 4-10　アイコンをドラッグ／スプリングローディング
ファイルを移動する

ファイルやフォルダは、保存する場所を自由に変更できます。ファイルとフォルダが同じウインドウに表示されている場合は移動がかんたんですが、見えないフォルダに移動するには、新しいFinderウインドウを表示したり、スプリングローディングを使って移動しましょう。

フォルダに入れる

ファイルをフォルダに入れるには、アイコンをフォルダにドラッグします。複数のファイルやフォルダを選択してドラッグすれば、選択したファイルはすべて移動します。

> **POINT**
> 「編集」メニューの「取り消す」を選択すると、直前の操作を取り消せます。
> ショートカットキーは ⌘ + Z です。

1つ上の階層に戻る
⌘ + ↑

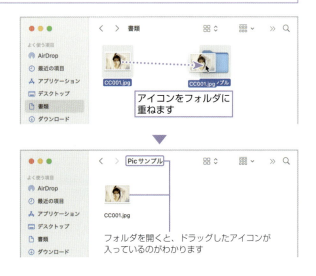

アイコンをフォルダに重ねます

フォルダを開くと、ドラッグしたアイコンが入っているのがわかります

別のフォルダに移動する

Finderウインドウに表示されていない別のフォルダに移動するには、2つのFinderウインドウを使い、移動元と移動先のフォルダを表示すると操作がかんたんです。

> **Column**
> **タブを使ったコピー**
> タブで複数のFinderウインドウを表示している場合、タブ部分にドラッグするとそのタブのウインドウに移動できます。

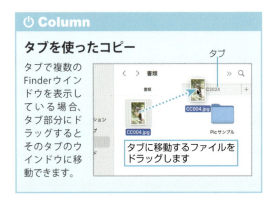

タブに移動するファイルをドラッグします

Finderウインドウを2つ表示して、移動するファイルをドラッグします

Section 4-10 ファイルを移動する

POINT
「編集」メニューの「やり直す」を選択すると、「取り消す」で取り消した操作を再実行できます。
ショートカットキーは shift + ⌘ + Z です。

アイコンがなくなりました
ファイルが移動しました

フォルダを自動で開いて移動する（スプリングローディング）

アイコンを移動先のフォルダに重ねた際に、マウスボタンを押したままにすると、フォルダが自動的に開き、開いたフォルダに移動できます。これを「スプリングローディング」といいます。

POINT
スプリングローディングの反応時間や有効/無効は、システム設定「アクセシビリティ」の「ポインタコントロール」で設定できます。

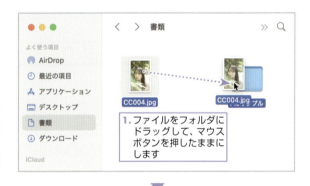

1. ファイルをフォルダにドラッグして、マウスボタンを押したままにします

2. ドラッグ先のフォルダが開きます

POINT
スプリングローディングは、サイドバーに表示されたフォルダや、他のタブで表示されてるフォルダにも有効です。
▭（スペース）キーを押すと、カーソルを重ねているフォルダの内容をすぐに表示できます。
Finderウインドウの外側にアイコンを一度出すと、元のフォルダが表示されます。

3. 開いたフォルダの中のフォルダに重ねてマウスボタンを放すと、このフォルダの中に移動できます

Column
他のディスクへの移動はコピーとなる
USBメモリや外付けディスクなど、内蔵ディスク以外のディスクへの移動は、コピーとなります。

Chapter 4 Finderの表示とファイル操作

▶ Section 4-11 　「ファイル」メニュー▶「複製」/「編集」メニュー▶「コピー」「ペースト」

ファイルをコピーする/ファイル名やフォルダ名を変更する

ファイルやフォルダは、同じデータのコピーを作成できます。元のデータを残しておき、新しいデータとして作成するときなどに便利です。

同じフォルダ内にコピーする

同じフォルダ内にコピーするには、ファイルやフォルダを選択して「ファイル」メニューの「複製」を選択します。

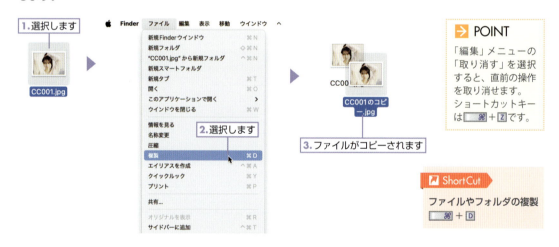

▶ POINT
「編集」メニューの「取り消す」を選択すると、直前の操作を取り消せます。ショートカットキーは ⌘ + Z です。

ShortCut
ファイルやフォルダの複製
⌘ + D

ファイルやフォルダの名称を変更する

ファイルやフォルダを選択して return キーを押すと、ファイル名が編集可能な状態になります。

▶ POINT
アイコンをクリックして選択したあと、名称部分をクリックしても編集できます。

移動先にコピーを作成する

ファイルをドラッグして移動する際に、移動先で option キーを押すとカーソルが になり、その状態でマウスボタンを放すと、元のファイルを残したまま移動先にファイルをコピーできます。

ファイルをドラッグして移動し、option キーを押しながらマウスボタンを放します

元のファイルは残り、移動先にコピーが作成されます

> **POINT**
> 同じフォルダ内で option +ドラッグしてもコピーできます。

コピー&ペーストでファイルをコピーする

「編集」メニューの「コピー」(⌘+C)、「ペースト」(⌘+V)を使っても、ファイルをコピーできます。

1. コピーするファイルを選択します
2. ⌘+C で「コピー」します

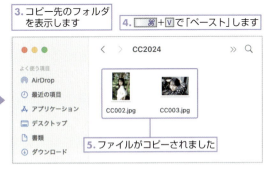

3. コピー先のフォルダを表示します
4. ⌘+V で「ペースト」します
5. ファイルがコピーされました

> **POINT**
> 同じフォルダ内でコピー&ペーストしてもコピーできます。

Chapter 4 Finderの表示とファイル操作

▶ Section 4-12　アクションボタン▶「名称変更」/ Finder項目の「名称変更」

複数のファイルの名前を一括して変更する

macOS Sequoiaでは、選択した複数のファイルの名称を一括して変更できます。共通のファイル名に通し番号を付けたり、ファイル名の一部を検索して他の名前に変更したり、ファイル名の前や後に統一したテキストを挿入することが可能です。

ファイル名に通し番号を付けて一括変更する

01 アクションボタン ⊙ ～から「名称変更」を選択

ファイル名を変更するファイルを選択します（作例は全ファイル選択していますが一部でもかまいません）。
ツールバーのアクションボタン ⊙ ～ をクリックして、「名称変更」をクリックします。

02 変更するフォーマットを設定して変更

「Finder項目の名称変更」ダイアログボックスが表示されるので、左上を「フォーマット」に設定します。
「名前のフォーマット」として「名前とカウンタ」、カスタムフォーマットに全てに共通して付ける文字を入力します。
「場所」でカウンタを付ける位置を設定し、「開始番号」でカウンタの開始番号を入力します。
設定が完了したら、「名称変更」ボタンをクリックします。

03 ファイル名が変わりました

指定したフォーマットのファイル名に変わりました。

ファイル名が変わりました

> **POINT**
>
> 「編集」メニューの「取り消す」を選択すると、直前の操作を取り消せます。ショートカットキーは ⌘ + Z です。

その他の変換方法

●テキストを置き換える

ファイル名の一部を他のテキストに置き換えます。

1. 選択します
2. 検索する文字を入力します
3. 置き換える文字を入力します

●テキストを追加

ファイル名にテキストを追加します。

1. 選択します
2. 追加する文字を入力します
3. 追加する場所を選択します

Section 4-13　アクションボタン ▶「情報を見る」/「Finder設定」ウインドウ

ファイルの拡張子の表示方法を覚えよう

ファイル名には、そのファイルがどんなアプリで作成されたか、またはどんな種類なのかを表す「拡張子」が付いています。Macでは基本的に拡張子は非表示ですが、設定によって表示することもできます。

■ 拡張子とは

拡張子とは、たとえば「CCC-01.png」の「.」の後ろにある「png」のことで、ファイルがどんなアプリで作成されたか、どんな種類なのかを表します。「png」は、png形式の画像ファイルということを表します。

一般的に、どんなファイルにも拡張子は付いていますが、Macでは、拡張子は表示されないのが基本です。ただし、デジタルカメラから取り込んだ画像やWindows PCやメール添付されてきたファイルなど、表示される場合もあります。

● 拡張子の表示/非表示の設定

ファイルの拡張子の表示/非表示は、ファイルごとに設定できます。
ファイルを選択して ⚙ をクリックし、「情報を見る」を選択します。
選択したファイルの情報ウインドウで「名前と拡張子」の「拡張子を非表示」オプションで設定します。

ShortCut
情報を見る
⌘ + I

Column
常に拡張子を表示する

すべてのファイルの拡張子を表示するには、「Finder」メニューから「設定」を選択します。「Finder設定」ウインドウの「詳細」パネルで「すべてのファイル名拡張子を表示」をチェックします。表示されない場合（またはオフにしても表示される場合）は、何度かオン/オフを繰り返してみてください。

➡ POINT
拡張子を削除すると、作成したアプリで開けなくなるなどのトラブルの元となります。削除しないでください。

Section 4-14 iCloud Driveを使う

▶Section 4-14 「システム設定」▶「Apple Account」▶「iCloud」▶「iCloud Drive」

iCloud Driveを使う

iCloud Driveは、iCloudを外付けディスクのように扱える機能です。アプリから直接アクセスするだけでなく、Finderウインドウの「iCloud Drive」を使うと、同じApple Accountを使っているMacやiPhone/iPadでファイルを自動的に同期できます。

iCloud Driveを使う設定

「システム設定」の「Apple Account」を選択し（サインインが必要）、「iCloud」を選択して「Drive」をクリックして設定します。

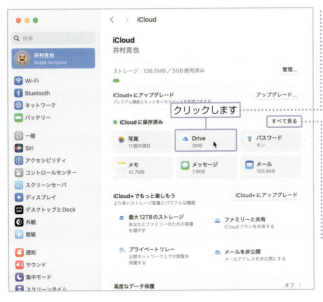

クリックします

「iCloud Drive」をオンにすると、オプション設定のダイアログが表示されます

Macと同期します

クリックすると、iCloudに書類とデータを保存できるアプリが表示され、使用するアプリを選択できます

ⓘ Column

Macストレージを最適化

「Macストレージを最適化」オプション（デフォルトで有効）は、Mac内のストレージ（HDDやSSD）の空き領域が少なくなると、使わないファイルや古いファイルはiCloud Driveに残して、Macから削除して空き領域を増やします。

107

Chapter 4 Finderの表示とファイル操作

iCloud Driveを使う

　Finderウインドウの「iCloud Drive」を選択すると、iCloud Driveに保存されているデータがMac内に表示されます。
　このフォルダにファイルやフォルダを移動すると、自動でiCloud Driveにアップロードされます。
　同じiCloudアカウントでサインインしている他のMacやiPhone/iPadでは、自動でiCloud Driveと同期され、最新のデータが表示されます。

iCloud Driveの最新状態が表示されます

POINT
「iCloud Drive」は、iCloudに保存されているファイルやフォルダと同じ状態になる特殊なフォルダです。

未ダウンロードのファイルがあると表示されます

●「"デスクトップ"フォルダと"書類"フォルダ」オプション

　前ページのオプション画面で「"デスクトップ"フォルダと"書類"フォルダ」をオンにすると、Mac内のデスクトップと「書類」フォルダが、保存していたファイルごとiCloud Driveにコピーされます。
　これに伴い、サイドバーの表示も「デスクトップ」と「書類」が「iCloud」カテゴリーに移動します。

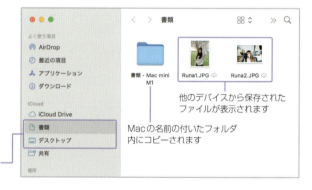

「デスクトップ」と「書類」が「iCloud」カテゴリーに移動します

他のデバイスから保存されたファイルが表示されます

Macの名前の付いたフォルダ内にコピーされます

Column

「"デスクトップ"フォルダと"書類"フォルダ」オプションをオフにする

「"デスクトップ"フォルダと"書類"フォルダ」オプションをオフにすると、デスクトップと「書類」フォルダのファイルはiCloud Driveに残り、Macからは削除されます。
Macに保存したいときは、iCloud DriveからMacに移動してください。

「"デスクトップ"フォルダと"書類"フォルダ」オプションをオフにすると表示されるダイアログボックス

108

Section 4-14 iCloud Driveを使う

● iCloud Driveからのデータ移動

iCloud Driveのファイルやフォルダを iCloud Drive以外のフォルダに移動すると、他のMacやiPhone/iPadからも削除されます。

iCloud Driveからファイルを移動する際に表示される警告

Column

「書類－ローカル」の表記

iCloud Driveをオンにして、"デスクトップ"フォルダと"書類"フォルダをオフにすると、Finderウインドウで「書類」フォルダを表示した際の表記が「書類－ローカル」となります。同様に、デスクトップフォルダを表示した場合は「デスクトップ－ローカル」となります。

iCloudDriveをオン、"デスクトップ"フォルダと"書類"フォルダ」をオフのときの表示

Column

iCloud+で容量アップ

「書類」フォルダや「デスクトップ」にデータ量が多く、iCloudのプランの容量以上になる場合は、有料プランへの加入が必要になります。無料プラン内で利用するには、容量の大きなデータや、iCloud Driveに保存する必要のないデータは、「書類」フォルダ以外のフォルダに保存してください。

Column

iPhone/iPadからのアクセス

iPhone/iPadの「ファイル」アプリから、iCloud Driveにアクセスすることができます。

109

Chapter 4 Finderの表示とファイル操作

iCloud Driveをファイルの保存先に指定する

　iCloud Driveフォルダに表示されたアプリの名称のフォルダは、各アプリの専用フォルダです。このフォルダに保存すると、iPhone/iPadのアプリからデータにアクセスできます（フォルダ外に保存したデータは、iPhone/iPadのアプリからはアクセスできません）。

　アプリから保存する際に「アプリ名－iCloud」に保存すると、アプリ名のフォルダ内に保存されます。「iCloud Drive」に保存すると、iCloud Drive直下に保存されます。

　iPhone/iPadでも利用するデータは、「アプリ名－iCloud」に保存してください。

> **POINT**
> iCloudのWebページ（iCloud.com）の「iCloud Drive」では、iCloud Driveに保存したファイルやフォルダが表示され、アップロードやダウンロード、削除が可能です。108ページを参照してください。

Column

「iCloud Drive」をオフ、またはiCloudからサインアウトする

「iCloud Drive」をオフ、またはiCloudをサインアウトすると、Finderウインドウの「iCloud Drive」に表示されるMacに保存されているファイルやフォルダを削除するか、Macに残すかを選択するウインドウが表示されます。
「コピーを残す」ボタンをクリックすると、ホームフォルダの「iCloud Drive（アーカイブ）」フォルダにコピーが残ります。
「Macから削除」ボタンをクリックすると、Macから削除されますが、iCloud上にはデータが残っているので、再度サインインすれば同期されて、Finderウインドウの「iCloud Drive」に表示されます。

iCloudからサインアウトすると、iCloud Driveのデータは削除されます

▶ Section 4-15　アクションボタン ▶「圧縮」/「解凍」

ファイルやフォルダを圧縮する／元に戻す（解凍する）

アーカイブ.zip

複数のファイルや、サイズが大きいファイルをメールで送りたいときには、ファイルを圧縮すると便利です。圧縮ファイルは1つのファイルになり、元ファイルに比べてサイズが小さくなります。

「圧縮ファイル」とは？

　ファイルの圧縮とは、選択した1つまたは複数のファイルを1つにまとめて、ファイルサイズを小さくすることです。圧縮したファイルは「圧縮ファイル」と呼ばれます。

　圧縮にはさまざまな方式があり、Macではzip形式の圧縮機能が標準で搭載されています。

1. 圧縮するファイルを選択します

2. control +クリックします
3. 選択します

圧縮しても、元のファイルはなくなりません

4. 圧縮ファイルが作成されました

→ **POINT**
zip形式はWindowsでも標準採用されている圧縮形式のため、Windowsを利用しているユーザに送る場合でも問題なく利用できます。

→ **POINT**
1つのファイルやフォルダを圧縮する場合、圧縮フォルダの名称は、「選択したファイル名／フォルダ名」.zipとなります。

→ **POINT**
圧縮ファイルをダブルクリックすると、展開して元の状態に戻せます。

Column

Windowsで文字化けする場合は

圧縮したファイルに日本語の名前のファイルが含まれていると、Windowsで解凍した際にファイル名が文字化けします。文字化けしない圧縮ファイルを作るには、keka（App Storeで入手可能：700円）などを利用するとよいでしょう。

Chapter 4 Finderの表示とファイル操作

▶ Section 4-16　ゴミ箱 /「Finder」メニュー ▶「ゴミ箱を空にする」

不要なデータを削除する

誤ってコピーしたファイルなど、不要なデータは削除できます。Macでは、削除したデータはゴミ箱に入り、ゴミ箱を空にするまでは完全に削除されません。間違って削除した場合でも、ゴミ箱から元に戻すことができます。

ファイルやフォルダをゴミ箱に入れる

不要なファイルやフォルダを選択し、Dockのゴミ箱にドラッグして入れます。
ゴミ箱に入れると、ゴミ箱のアイコンはゴミが入った状態に変わります。

1. 削除するファイルを選択します
2. Dockのゴミ箱にドラッグします
3. ゴミ箱のアイコンがゴミが入った状態に変わります

ShortCut
選択したファイルをゴミ箱に入れる
⌘ + delete

ゴミ箱の中身を見る

Dockのゴミ箱をクリックすると、ゴミ箱の中身を表示できます。

2. Finderウインドウでゴミ箱の中身が表示されます
1. クリックします

⏻ Column

ゴミ箱から戻す

Finderウインドウのゴミ箱に表示されたファイルやフォルダは、他のフォルダに移動すれば取り出すことができます。また、ゴミ箱内のファイルを選択して「ファイル」メニューの「戻す」（⌘ + delete）を選択すると、元の場所に戻せます。

ゴミ箱を空にする

ゴミ箱に入れたファイルやフォルダは、前述のように取り出すことができます。ゴミ箱に入れたファイルやフォルダを完全に削除するには、Dockのゴミ箱アイコンを control キーを押しながらクリック（右クリックでも可）して「ゴミ箱を空にする」を選択します。

ゴミ箱の内容をFinderウインドウで表示し、右上の「空にする」ボタンをクリックしてもかまいません。あるいは「Finder」メニューの「ゴミ箱を空にする」を選択してもかまいません。

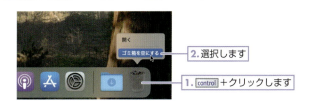

クリックするとゴミ箱を空にできます

ゴミ箱を空にする
shift + ⌘ + delete

→ POINT
ゴミ箱を空にすると、ファイルやフォルダを取り出すことができなくなります。

ゴミ箱に入れずにすぐに削除する

ファイルまたはフォルダを選択し、「ファイル」メニューを option キーを押しながら選択し「すぐに削除」を選択するか、 option キーと ⌘ キーと delete キーを押すと、ゴミ箱に入れずに即座に削除できます。

確認のダイアログボックスが表示されるので、「削除」ボタンをクリックします。

削除してよい場合はクリックします

→ POINT
ゴミ箱の中のファイルやフォルダを選択し、「ファイル」メニュー（または control +クリックメニュー）から「戻す」を選択すると、ゴミ箱から元の保存場所に戻せます。

Section 4-17 「ファイル」メニュー▶「エイリアスを作成」/アクションボタン▶「エイリアスを作成」

ファイルやフォルダの分身を作成する（エイリアス）

よく使うファイルや作業中のファイルが、フォルダが入れ子になった奥深い階層にある場合、目的のファイルを開くのに時間がかかります。Macでは、エイリアスという、ファイルやフォルダの分身を作成でき、デスクトップや「書類」フォルダの最上位に置いておけば、ファイルをすぐに開くことができます。

エイリアスを作成する

エイリアスは、ファイルやフォルダだけでなく、アプリに対しても作成できます。

エイリアスを作成するファイルやフォルダ、アプリを選択し、controlキーを押しながらクリックし（または「ファイル」メニューかツールバーの ⊙ ˇ をクリックし）「エイリアスを作成」を選択します。

フォルダのエイリアスなら、どこに置いてあっても、ダブルクリックすれば元のフォルダの内容が表示されます。また、エイリアスを削除しても、元のファイルやフォルダは削除されません。

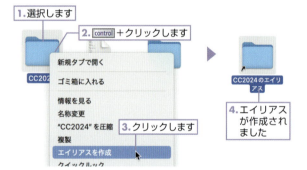

ShortCut
エイリアスを作成
control + ⌘ + A

POINT
エイリアスとは、Windowsのショートカットのことです。

POINT
エイリアスを選択して ⌘ キーと R キーを押すと、エイリアスのオリジナルを表示できます。

⏻ Column

ドラッグしてエイリアスを作成する

エイリアスを作成したいファイルやフォルダをドラッグし、optionキーと⌘キーを押しながらマウスボタンを放すと、ドラッグ先にエイリアスを作成できます。デスクトップにエイリアスを作成するのに便利です。

option + ⌘ +ドラッグで移動先にエイリアスを作成できます

Section 4-18 ファイルを検索する（Spotlight）

Spotlight /「ファイル」メニュー ▶「検索」

ファイルを検索する（Spotlight）

ファイルが増えてくると、保存場所がわからなくなったり、書いた内容は覚えているのにファイル名がわからなくて探せないことがあります。Macには、Spotlightという検索機能が搭載されており、Mac内の情報をファイル名だけでなく、ファイルの内容、カレンダーやアプリに入力した内容まで一括して検索できます。

デスクトップで検索

メニューバーの右上のSpotlightアイコン 🔍 をクリックすると、検索フィールドが表示されます。検索したい単語などを入力すると、条件に合致したファイルやフォルダ、アプリに記入した予定などが表示されます。また、リスト下部には、Macの辞書の項目や、Web検索の項目も表示されます。

01 検索フィールドを表示する

メニューバーのSpotlightアイコンをクリックします。
画面中央に検索フィールドが表示されます（使い始めは、画面にお知らせが表示されます）。

クリックします

02 検索条件を入力する

検索フィールドに検索条件を入力すると、条件に合致した情報がリストに表示されます。
リストの情報に tab キーを押してカーソルを移動すると、内容が右側に表示されます（↑↓←→キーで移動できます）。
ダブルクリックすると（反転している状態で return キーを押しても可）、ファイルを開いたりアプリが起動します。

> **POINT**
> 検索条件を空白で区切って入力すると、複数の条件に合致した情報を検索できます。

複数の条件は空白で区切って入力します

Chapter 4 Finderの表示とファイル操作

1. 検索条件を入力します

2. 検索条件に合致した情報がリスト表示されます

ファイル名やフォルダ名、あるいはその内容に検索条件が含まれているファイルが分類別に表示されます。Safariの項目は、クリックするとSafariで表示されます

ダブルクリックすると、情報が表示されます

アプリに入力した情報も表示されます

3. ダブルクリックします

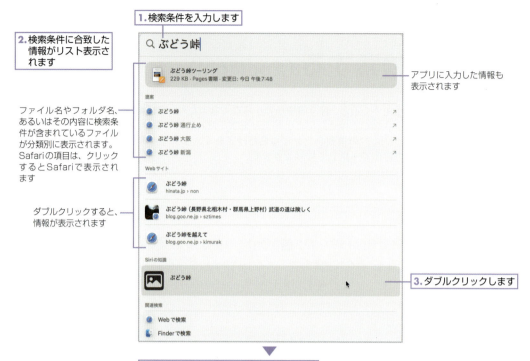

4. クリックした項目の情報が表示されます

⏻ Column

Spotlightで検索できるもの

Spotlightでは、アプリ、「システム設定」、書類、フォルダ、メールメッセージ、連絡先、メッセージ、イメージ、PDF、カレンダーのイベント、ミュージックファイル、ムービーなどが検索されます。

メニューバーのSpotlightで検索
⌘ + ␣ （スペースキー）

Section 4-18 ファイルを検索する（Spotlight）

Spotlightの設定

「システム設定」の「Spotlight」では、検索結果で表示される項目や、検索から除外するフォルダを設定できます。

メニューバーのSpotlightで検索する対象のオン／オフを設定します

検索対象から除外するフォルダを設定します。＋ボタンをクリックしてフォルダを指定するか、Finderウインドウを開いて、フォルダをこのウインドウにドラッグしてください

Finderウインドウでのファイル検索

FinderウインドウでもSpotlightで検索できます。検索対象はファイルだけになります。
検索結果のファイルをダブルクリックすると、ファイルが開きます。
ファイルをクリックして選択すると、ウインドウ下部に保存フォルダが表示されます。
フォルダ名をダブルクリックすると、そのフォルダの中を表示できます。

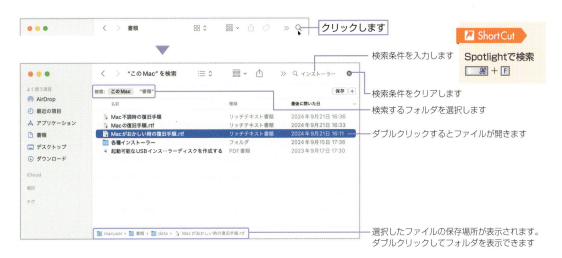

クリックします
検索条件を入力します
検索条件をクリアします
検索するフォルダを選択します
ダブルクリックするとファイルが開きます
選択したファイルの保存場所が表示されます。ダブルクリックしてフォルダを表示できます

ShortCut
Spotlightで検索
⌘ + F

117

Column

ファイルの種類や日付で絞り込む

「ファイル」メニューの「検索」（⌘+F）を選択して表示されるFinderウインドウでは、検索条件の結果をファイルの種類や日付などで絞り込んで表示できます。
検索条件を入力するときにポップアップで表示される「名前に"○○"を含む」をクリックすると、ファイル名に条件が合致したファイルだけ表示されます。
「"○○"を含む」をクリックすると、ファイルの内容に条件が含まれているファイルが表示されます。

選択すると、ファイル名が一致するファイルだけが表示されます

最終変更日などの日付で絞り込むこともできます

絞り込み条件は、条件欄の右にある⊕ボタンで追加、⊖ボタンで削除できます。

絞り込み条件は複数設定できます

絞り込み条件を追加／削除できます

また、検索フィールドを空欄にすると、指定した絞り込み条件に合致した全ファイルを表示できます。

1. 検索フィールドを空欄にします
2. 絞り込み条件を設定します
3. 絞り込み条件に合致した全ファイルが表示されます

Section 4-19 タグを付けてファイルを管理する

▶ **Section 4-19**　タグの割り当てボタン

タグを付けてファイルを管理する

macOS Sequoiaでは、ファイルに色や任意のタグを設定し、同じタグのファイルだけを表示できます。ファイルには複数のタグを設定できるので、さまざまなフォルダに保存されているファイルをタグを使ってすぐに表示できます。

ファイルにタグを付ける

　ファイルの管理は、プロジェクトや日付などのフォルダを使って管理するのが一般的です。しかし、異なったフォルダに関連する情報の入っているファイルがあるときは、条件検索を使わないと1つのウインドウに表示できませんでした。
　タグは、ファイル管理を効率的に行うための機能で、ファイルにタグを割り当て、同じタグのファイルだけをすぐに表示できます。

01　タグを割り当てるファイルを選択する

Finderウインドウを表示して、タグを設定するファイルを選択します。ツールバーの♡をクリックします。すでに定義されているタグやカラータグが表示されます。

1.選択します　　カラータグや定義済みのタグが表示されます。クリックして割り当てられます　　2.クリックします

02　タグを割り当てる

タグを割り当てる場合は、リストからクリックして選択します。ここでは新しいタグを追加します。フィールドに新しいタグを入力し、returnキーを押すか「新規タグを作成」をクリックします。

1.新しいタグを入力します　2.クリックします

> **➡ POINT**
> ファイルを選択し、controlキーと数字1〜7キーを押すと、サイドバーの色の順番でタグの割当（解除）ができます。

119

03 サイドバーのタグで表示する

サイドバーのタグには、定義した新しいタグが追加されます。クリックすると、同じタグを割り当てたファイルがすべて表示されます。

タグはドラッグして表示順を変更できます

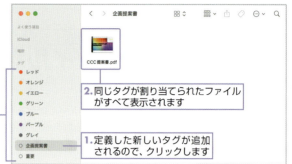

2. 同じタグが割り当てられたファイルがすべて表示されます

1. 定義した新しいタグが追加されるので、クリックします

04 複数のタグを割り当てる

ファイルには、同じ手順で複数のタグを割り当てられます。割り当てたタグを選択して delete キーを押すと、割り当てを解除できます。

1つのファイルに複数のタグを割り当てられます。割り当てたタグを選択して delete キーを押すと、タグを削除できます

> **POINT**
>
> タグを付けた書類をコピーすると、タグもそのままコピーされます。

⏻ Column

保存時にタグを付ける

アプリでの書類の保存時に、名称の設定と一緒にタグを指定できます。

保存時にタグを指定できます

⏻ Column

タグの管理

サイドバーに表示されたタグを control キーを押しながらクリック（右クリックでも可）すると、タグの名称変更、削除が可能です。
色を選択すると、作成したタグに色を割り当てられます。色を割り当てると、アイコンにもカラーが表示されます。デフォルトのカラータグと混同する可能性があるので、使い分けに注意してください。
サイドバーから削除することもできます。
サイドバーから削除したタグを再度表示するには、サイドバーの「すべてのタグ」を選択し、表示されたタグをサイドバーにドラッグして追加してください。

タグを control +クリックすると、名称変更や削除が可能です

▶ **Section 4-20** クイックルック

アプリを起動せずにファイルの内容を確認する（クイックルック）

Macには、アプリを起動せずにファイルの内容を確認できる「クイックルック」機能が付いています。Finderウインドウでファイルを探しているときに、すぐにファイルの内容を確認できるので便利です。

01 ファイルを選択して▢キーを押す

内容を確認したいファイルを選択して、▢（スペース）キーを押します。
複数のファイルを選択してもかまいません。

> **POINT**
> ▢（スペース）キーの代わりに、⌘+Yキーを押してもかまいません。

02 ファイルの内容が表示される

ファイルの内容が表示されます。再度▢（スペース）キーを押すと、元に戻ります。
画面右上の「"プレビュー"で開く」ボタンをクリックすると、アプリでファイルを開くことができます。
△ボタンをクリックしてメールやメッセージで送信したり、AirDropで他のMacに転送できます。最大化ボタンでフルスクリーン表示にもできます。
ファイルの種類によっては◎ボタンが表示され、クリックするとマークアップを挿入できます。

> **POINT**
> クイックルックでは、多くの種類のファイルの内容を表示できますが、表示できない場合はアイコンが表示されます。

> **Column**
> **スライドショーで見る**
> 複数のファイルを選択して、optionキーを押しながら▢（スペース）キーを押すと、ファイルをスライドショーモードで表示できます。escキーを押すと元に戻ります。

> **Column**
> **Finderウインドウのプレビュー表示**
> Finderウインドウを表示し、「表示」メニューの「プレビューを表示」を選択すると、Finderウインドウの右側にプレビュー欄が表示され、選択したファイルをプレビューできます。

Chapter 4 Finderの表示とファイル操作

▶Section 4-21　　 メニュー ▶「最近使った項目」

アップルメニューの「最近使った項目」を使う

直近に使ったファイルやアプリは続けて使うことが多いはずです。アップルメニューの「最近使った項目」には、直近に使ったアプリとファイル、さらにサーバが10項目表示され、選択するだけでファイルを開いたり、アプリを起動できます。

最近使った項目を表示する

アップルメニューから「最近使った項目」を選択し、メニューからアプリまたはファイルを選択します。

下部にはサーバも表示されるので、頻繁に使用するサーバへの接続も容易に行えます。

直近に使ったアプリが表示されます。選択してアプリを起動できます

直近に使ったファイルが表示されます。選択してファイルのビューアや作成したアプリで表示できます

表示されているメニューの内容を消去します　メニューを消去

Column
表示される数を変更する
「システム」設定の「デスクトップとDock」を選択し、「メニューバー」の「最近使った書類、アプリケーション、サーバ」で表示数を設定してください。

Column
最近使ったファイルをFinderで表示する
⌘キーを押しながらアップルメニューの「最近使った項目」を表示すると、各項目が「〜をFinderに表示」に変わり、選択するとファイルやアプリをFinderウインドウに表示できます。

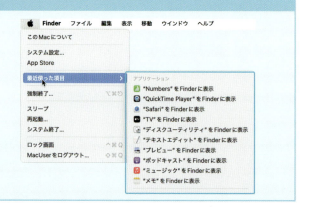

122

Section 4-22 外付けディスクやUSBメモリを初期化する

▶ Section 4-22　「移動」メニュー ▶「ユーティリティ」▶「ディスクユーティリティ」

外付けディスクやUSBメモリを初期化する

多くの外付けディスクやUSBメモリは、互換性の観点からWindows用にフォーマットされています。Macでは、Windows用のものも問題なく利用できますが、Time Machineや起動ディスクとして利用するには、Mac用に初期化する必要があります。ディスクの初期化は「ディスクユーティリティ」を使います。

ディスクの初期化

外付けディスクやUSBメモリの内容をすべて消去して、まっさらな状態にすることを「初期化」といいます。ここでは、Macに接続されている外付けディスクを初期化する手順を説明します。

01 「ディスクユーティリティ」を起動する

Finderの「移動」メニューから「ユーティリティ」を選択します。Finderウインドウの「ユーティリティ」フォルダから「ディスクユーティリティ」をダブルクリックして起動します。

1. 選択します

2. ダブルクリックして起動します

02 すべてのデバイスを表示する

「表示」アイコンをクリックして、「すべてのデバイスを表示する」を選択します。

03 外付けディスクを選択して消去

左側にMacに接続されているハードディスクやUSBメモリが表示されます。一番上の「内蔵」に表示されているのは、内蔵ディスクです。
「外部」に表示されたディスクをクリックして選択し、右側のパネルの「消去」ボタンをクリックします。

1. クリックして「すべてのデバイスを表示する」を選択します

3. クリックします

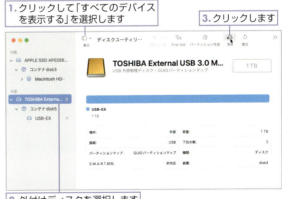

2. 外付けディスクを選択します

123

04 名前等を設定して「消去」をクリック

警告が表示されます。初期化してよい場合は、「名前」に消去後のディスクの名前を入力します。

Mac専用で使用する場合は、「フォーマット」に「Mac OS拡張（ジャーナリング）」か「APFS」を選択します。El Capitan以前のMacでも使用する場合は、「Mac OS拡張（ジャーナリング）」を選択します。「方式」は「GUIDパーティションマップ」を選択します（PowerPCプロセッサ搭載の古いMacと共用する場合は、「Appleパーティションマップ」を選択します）。

Windowsと共用する場合は、「フォーマット」に「exFAT」、「方式」に「マスターブートレコード」を選択します。USBメモリは、Windowsと共用のほうが使い勝手がよいでしょう。

設定したら、「消去」ボタンをクリックします。

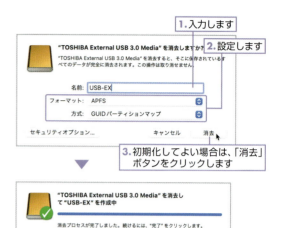

▶ POINT

「APFS」でフォーマットしたディスクは、Sierra以降のmacOSでないとマウントできません。

⏻ Column

現在のフォーマットを調べる

左側のリストに表示されたディスク配下のボリュームを選択すると、そのボリュームがどんなフォーマットであるかがボリューム名の下に表示されます。

⏻ Column

外付けディスクやUSBメモリを取り外す

外付けディスクやUSBメモリをMacから取り外す際は、Finderウインドウを開き、サイドバーに表示された外付けディスクやUSBメモリの右側のイジェクトアイコンをクリックしてください。

⏻ Column

セキュリティオプション

上記の手順04で「セキュリティオプション」ボタンをクリックすると、消去時の確実性を設定できます。ハードディスクなどは、初期化等で消去してもデータ自体が残っており、ファイル復旧アプリなどを使うとデータを復旧できるようになっています。

確実に消去するには、データを上書きします。確実性を高めるには、上書きするデータをランダムとして、何回も行います。そのため時間がかかります。最も安全な消去には、最も時間がかかるのです。

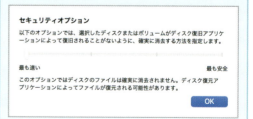

Chapter

5

Mac本体や
周辺機器の設定

Macは初期状態のままでも問題なく使えるのですが、知っておくと
さらに便利に使えることがあります。ここでは、Mac本体に関する
設定や、周辺機器との接続方法について解説します。

Section 5-1　　Macのキーボードについて
Section 5-2　　キーボードやTouch Barの設定を変更する
Section 5-3　　ショートカットの設定を変更する
Section 5-4　　マウスの設定を変更する
Section 5-5　　トラックパッドの設定を変更する
Section 5-6　　音量や通知音（警告音）の種類を変更する
Section 5-7　　ヘッドフォンやスピーカーを設定する／
　　　　　　　マイクロフォンを設定する
Section 5-8　　ノート型Mac/iMacで外付けディスプレイを使う
Section 5-9　　iPadを外付けモニタとして使う（AirPlay）
Section 5-10　　Bluetooth機器を接続する
Section 5-11　　省電力設定を変更する
Section 5-12　　ロック画面やログイン画面の設定
Section 5-13　　日付と時刻、言語と地域を設定する
Section 5-14　　プリンタを接続して使えるようにする
Section 5-15　　Touch IDを使う

Chapter 5 Mac本体や周辺機器の設定

▶ Section 5-1　キーボードの特徴

Macのキーボードについて

Macのキーボードは、Windows用のキーボードとキーの配列は同じですが、commandやoptionなどの機能キーが異なります。違いを見ておきましょう。

大きな違いは機能キー

　Macのキーボードの特徴は、⌘、option、shift、controlの4つの機能キーがあることです。Windows PC用のキーボードにはこれらの機能キーはありません。

　これらの機能キーは、他の文字キーと一緒に押してキーボードショートカットが使えます。たとえば、⌘キーと C キーを押すと選択した文字や画像をコピーできます。これは、Windows PCの Ctrl キーと C キーと同じです。

　また、スペースキーの左右には かな キーと 英数 キーがあります。 かな キーを押すと全角文字による日本語入力、 英数 キーを押すと半角文字のアルファベット・数字の入力となります。

Mac用キーボード特有の機能キー　　半角文字のアルファベット・数字の入力となる　　全角文字による日本語入力となる

● 機能キーの違い

　機能キーの役割は、下の表のようになります。

機能キー	主な役割	Windowsでは
⌘	文字キーと一緒に押して機能を実行する（キーボードショートカット）	Ctrl
option	⌘と同じだが、⌘キーと文字キーと option キーを同時に押すことが多い	Alt
shift	文字入力時に大文字する	Shift
control	選択した文字や画像に対して、 control キーを押しながらマウスを押すと機能メニューを表示して実行できる。Windowsの右クリックメニューと同じ機能を実現する	なし

▶Section 5-2　「システム設定」▶「キーボード」
キーボードやTouch Barの設定を変更する

 キーボードの各種設定は、「システム設定」の「キーボード」で設定します。Touch Barやファンクションキーの設定も、ここで変更します。

「キーボード」で設定する

Dockやアップルメニューから「システム設定」を起動し、「キーボード」をクリックします。キーの反応速度などを設定します。

- 1つのキーを押し続けたときに、同じ文字がリピート入力される間隔を設定します。「オフ」に設定すると、リピート入力できなくなります
- 1つのキーを押し続けたときのリピート入力が始まるまでの時間を設定します
- オンにすると、環境光が暗い場合に発光します（バックライト付きキーボードの場合）
- キーボードの輝度を調整します
- キーボードのバックライトをオフにするまでの時間を指定します
- fn キーを押したときの操作内容を選択します
- 「テキスト入力」は156ページ、「音声入力」は165ページを参照ください
- オンにすると、各アプリの操作時に、コントロール（入力欄や設定項目）を選択するのに、tab キーで移動できます。shift + tab キーで逆に移動します

Column

ファンクションキーで画面輝度などを設定する

キーボードのファンクションキーで、画面の輝度や音量などを変更するには、「キーボードショートカット」をクリックし、ポップアップウインドウの「ショートカット」をクリックします。
「F1、F2などのキーを標準のファンクションキーとして使用」をオンにすると通常のファンクションキー、オフにすると画面輝度や音量などの設定キーとして使用できます。

Touch Barの設定

Touch Bar搭載のMacでは、Touch Bar設定をクリックするとポップアップウインドウが表示され、Touch Barに表示される項目や fn キーを長押ししたときに表示される項目を設定できます。

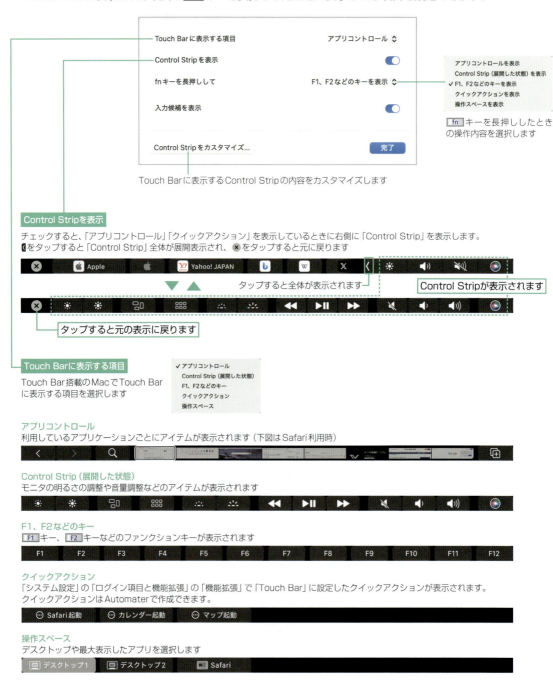

Column

特定のアプリケーションで常にファンクションキーを表示する

特定のアプリケーションだけ、Touch Barに常に F1 、F2 などのファンクションキーを表示することができます。
「キーボードショートカット」をクリックし、ポップアップウィンドウの左のリストから「ファンクションキー」を選択します。
＋をクリックして、アプリケーションを選択します。リストに表示されたアプリケーションでは、「キーボード」パネルの設定に関係なく、常にファンクションキーが表示されます（ fn キーを押すと、Control Stripが表示されます）。

このアプリケーションでは常にファンクションキーが表示されます

1. クリックします
2. クリックしてアプリケーションを選択します

● Touch Barのカスタマイズ

「Control Stripをカスタマイズ」をクリックすると、Control Stripで表示する項目をカスタマイズできます。Control Stripに表示できる項目が一覧表示されるので、表示したい項目をリストからTouch Barにドラッグして追加します。

Touch Barの項目をドラッグして外に出すと削除できます。
また、Touch Bar内で項目をドラッグ（1本指でスワイプでも可）して、表示位置を変更できます。

ドラッグします

▶ POINT

「Touch Barに表示する項目」が「アプリコントロール」で「Control Stripを表示」がオンになっているときは、右側に表示されるControl Stripのカスタマイズとなります。

Chapter 5 Mac本体や周辺機器の設定

▶ Section 5-3 　「システム設定」▶「キーボード」▶「キーボードショートカット」

ショートカットの設定を変更する

 Macの各機能に割り当てられているショートカットキーは、「システム設定」の「キーボード」で設定します。

設定を変更する

各機能に割り当てられているショートカットキーを変更したり、割り当てを解除したりします。

01 「システム設定」から「キーボード」を選択

Dockやアップルメニューから「システム設定」を起動し、「キーボード」を選択し、「キーボードショートカット」をクリックします。

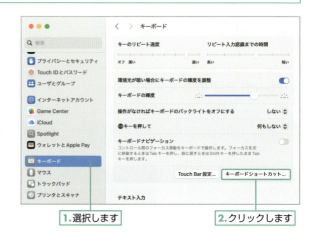

1. 選択します　2. クリックします

02 「ショートカット」を設定する

ポップアップウインドウで、各種機能でのショートカットキーの割り当てを設定します。

ショートカットキー設定対象を選択します

チェックの付いている項目のショートカットキーが有効となります

ダブルクリックで変更できます。割り当てるキーの組み合わせをキーボードで押して設定します

130

Section 5-3 ショートカットの設定を変更する

Column

重複した場合

変更または追加したショートカットキーがすでに使われていると、警告アイコンがショートカットキーの右側に表示されるので、他のキーを割り当ててください。

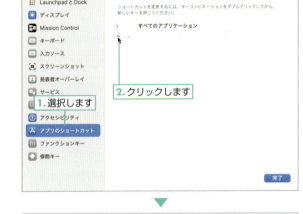

ショートカットキーがすでに使われていると表示されます

新しいショートカットを割り当てる

「アプリのショートカット」には、新しいショートカットを割り当てることもできます。

01 ＋キーをクリック

左側のリストで「アプリのショートカット」を選択し、＋をクリックします。

02 ショートカットキーを割り当てる

「アプリケーション」でショートカットキーを割り当てるアプリを選択します。
「メニュータイトル」には、アプリのメニューに表示されるコマンドの名前を正確に入力します。
「キーボードショートカット」には、割り当てるショートカットキーをキーボードを押して設定します。
「完了」ボタンをクリックすると追加されます。

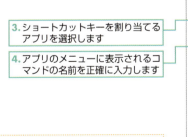

POINT

ショートカットを割り当てることができるのは、Finderや各アプリのメニューコマンドに限ります。アプリの起動を割り当てることはできません。

131

Chapter 5 Mac本体や周辺機器の設定

▶ Section 5-4 　「システム設定」▶「マウス」▶「ポイントとクリック」「その他のジェスチャ」パネル

マウスの設定を変更する

iMacやMac miniでは、マウスはMacの操作に必須な機器です。Apple Magic Mouseは、従来のマウスの機能に加えトラックパッドの操作を可能にしたマウスです。タッチエリアのタップやスワイプの設定は、「システム設定」の「マウス」で行います。

Apple Magic Mouseの設定

Apple Magic Mouseでは、タップやスワイプの設定が可能です。

> **POINT**
> Apple Magic Mouseは、Bluetoothで接続します。マウスが認識されないときは、142ページを参照して接続してください。

01 「ポイントとクリック」パネルで設定する

Dockやアップルメニューから「システム設定」を起動し、「マウス」をクリックします。
「ポイントとクリック」パネルを表示し、スクロール方向や副ボタンなどを設定します。

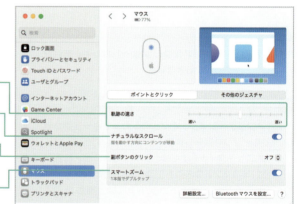

- マウスを動かしたときのカーソルの動くスピードを設定します
- オンにすると、指を動かす方向に画面がスクロールします
- オンにすると、副ボタン（control＋クリックと同じ操作）のクリックが有効になります。マウスのどちらを副ボタンとするか選択してください
- オンにすると、1本指のダブルタップで、スマートズームします

02 「その他のジェスチャ」パネルで設定する

スワイプの動作を設定します。

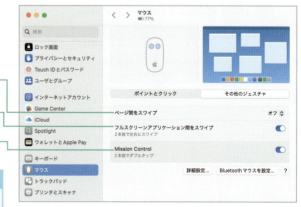

- オンにすると、ページ間の切り替えが有効になります。また、切り替える方法を選択します
- オンにすると、2本指の左右にスワイプで、デスクトップやフルスクリーンアプリケーションを切り替えられます
- オンにすると、2本指のダブルタップで、Mission Controlを起動します

> **Column**
>
> **タップ**
>
> タッチエリアを指の腹で叩く動作を「タップ」といいます。

132

Section 5-5 トラックパッドの設定を変更する

▶ Section 5-5 　「システム設定」▶「トラックパッド」▶「ポイントとクリック」「スクロールとズーム」「その他のジェスチャ」パネル

トラックパッドの設定を変更する

ノート型のMacBook ProやMacBook Airでは、トラックパッドでカーソルを操作します。タップによるスワイプで画面の切り替えや表示の拡大縮小なども可能です。トラックパッドは「システム設定」の「トラックパッド」で設定します。デスクトップ型Macでトラックパッドを使うためのMagic Trackpadの設定も同様です。

トラックパッドの設定

トラックパッドのタップやスワイプによる操作を設定します。

01 「ポイントとクリック」パネルで設定する

Dockやアップルメニューから「システム設定」を起動し、「トラックパッド」をクリックします。
「ポイントとクリック」パネルを表示して、主にマウスに代わる指の操作を設定します。

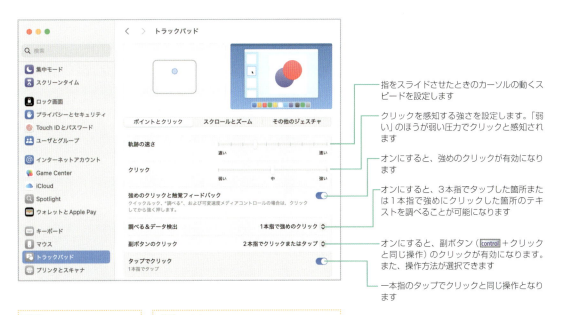

指をスライドさせたときのカーソルの動くスピードを設定します

クリックを感知する強さを設定します。「弱い」のほうが弱い圧力でクリックと感知されます

オンにすると、強めのクリックが有効になります

オンにすると、3本指でタップした箇所または1本指で強めにクリックした箇所のテキストを調べることが可能になります

オンにすると、副ボタン（control＋クリックと同じ操作）のクリックが有効になります。また、操作方法が選択できます

一本指のタップでクリックと同じ操作となります

→ POINT
「静音クリック」をオンにすると、クリック時の音をなくします（一部の機種では機能しません）。

→ POINT
Apple Magic Trackpadは、Bluetoothで接続します。
Magic Trackpadが認識されないときは、142ページを参照して接続してください。

Chapter 5 Mac本体や周辺機器の設定

02 「スクロールとズーム」パネルで設定する

「スクロールとズーム」パネルで指によるスクロールやズームを設定します。

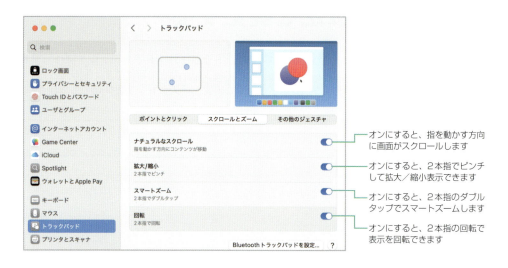

- オンにすると、指を動かす方向に画面がスクロールします
- オンにすると、2本指でピンチして拡大／縮小表示できます
- オンにすると、2本指のダブルタップでスマートズームします
- オンにすると、2本指の回転で表示を回転できます

03 「その他のジェスチャ」パネルで設定する

「その他のジェスチャ」パネルでは、スワイプなどに関する設定を行います。

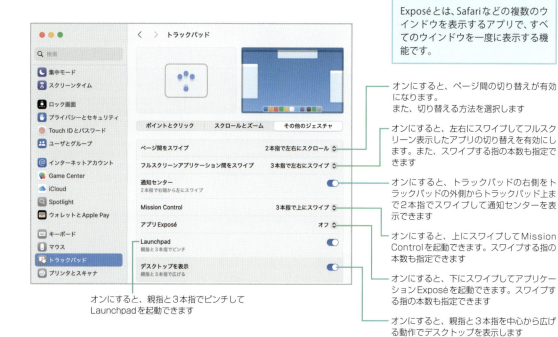

- オンにすると、ページ間の切り替えが有効になります。また、切り替える方法を選択します
- オンにすると、左右にスワイプしてフルスクリーン表示したアプリの切り替えを有効にします。また、スワイプする指の本数も指定できます
- オンにすると、トラックパッドの右側をトラックパッドの外側からトラックパッド上まで2本指でスワイプして通知センターを表示できます
- オンにすると、上にスワイプしてMission Controlを起動できます。スワイプする指の本数も指定できます
- オンにすると、下にスワイプしてアプリケーションExposéを起動できます。スワイプする指の本数も指定できます
- オンにすると、親指と3本指を中心から広げる動作でデスクトップを表示します
- オンにすると、親指と3本指でピンチしてLaunchpadを起動できます

Column

Exposéとは

Exposéとは、Safariなどの複数のウインドウを表示するアプリで、すべてのウインドウを一度に表示する機能です。

134

Section 5-6 音量や通知音(警告音)の種類を変更する

▶ Section 5-6 「システム設定」▶「サウンド」

音量や通知音(警告音)の種類を変更する

ムービーやミュージックを再生した際の音量は、メニューバーで設定できます。また許可されていない操作時の警告時に鳴る通知音に使われる音の種類は、「システム設定」の「サウンド」で行います。

音量の設定

音量はメニューバーのコントロールセンターで設定できます。

クリックします

音量を設定します。右にいくほど音量が大きくなります

クリックすると、音声の出力デバイスを選択できます

通知音(警告音)の設定

許可されていない操作の警告時に鳴る通知音の種類は、「システム設定」の「サウンド」で変更できます。

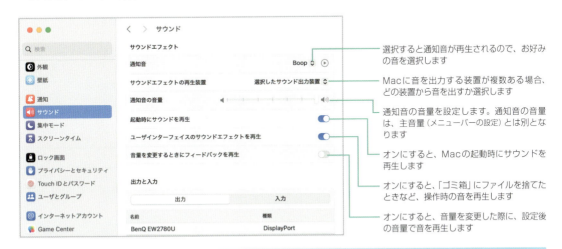

選択すると通知音が再生されるので、お好みの音を選択します

Macに音を出力する装置が複数ある場合、どの装置から音を出すか選択します

通知音の音量を設定します。通知音の音量は、主音量(メニューバーの設定)とは別となります

オンにすると、Macの起動時にサウンドを再生します

オンにすると、「ゴミ箱」にファイルを捨てたときなど、操作時の音を再生します

オンにすると、音量を変更した際に、設定後の音量で音を再生します

ⓘ Column

突然Macから声が聞こえてきたら?

誤って ⌘ + F5 キーを押すと、マウスの位置を音声読み上げする「VoiceOver」機能が有効になります。再度、⌘ + F5 キーを押すと機能がオフになります。また、「システム設定」の「デスクトップとDock」にある「時計」(148ページ参照)で「時報をアナウンス」をオンにすると、設定した時刻に時報が読み上げられます。

135

▶ Section 5-7 「システム設定」▶「サウンド」▶「出力」パネル

ヘッドフォンやスピーカーを設定する／マイクロフォンを設定する

USB接続やBluetooth接続の外部スピーカーやヘッドフォンを接続した場合は、「システム設定」の「サウンド」で音声を再生する装置を設定します。
また、音声を入力するマイクロフォンの入力音量や、内蔵マイク以外の音声入力装置がある場合、どの装置を使用するかも設定できます。

音声を再生する装置を選択する

Dockやアップルメニューから「システム設定」を起動し、「サウンド」をクリックします。
「出力」をクリックして、音声を再生する装置を選択します。

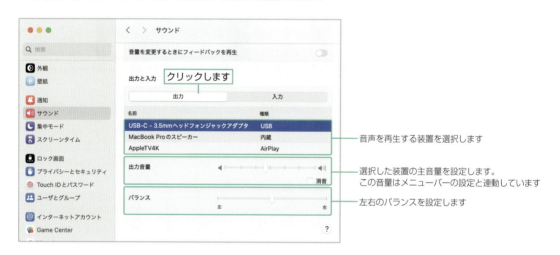

マイクロフォンや入力音量を設定する

「入力」を表示し、リストからマイクロフォンなどの音声の入力装置を選択します。
「入力音量」のスライダで入力音量を設定します。

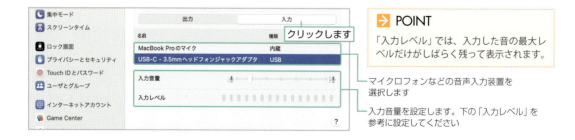

Section 5-8 ノート型Mac/iMacで外付けディスプレイを使う

▶ Section 5-8　「システム設定」▶「ディスプレイ」
ノート型Mac/iMacで外付けディスプレイを使う

 ノート型MacやiMacなど、内蔵ディスプレイが搭載されているMacも、外付けディスプレイを接続して使用できます。外付けディスプレイは、Apple製でなくてもかまいません。接続には、専用のケーブルやアダプタが必要になります。

ノート型Mac/iMacと外付けディスプレイを接続するには

　ノート型Mac/iMacを外付けディスプレイに接続するには、ケーブルが必要です。しかし、MacはWindowsPCで一般的なHDMIやDVIの接続口を持っていない機種が多いため、外部ディスプレイを接続するには適切なケーブル、またはモニタケーブルを接続するためのアダプタが別途必要になります。
　Macは、外部ディスプレイとの接続用として「HDMIポート」「USB-Cポート」などのポートを持っています。自分の使用しているMacに合わせたアダプタを用意する必要があります。

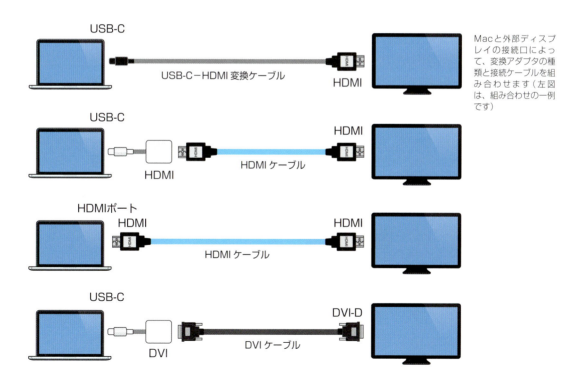

Macと外部ディスプレイの接続口によって、変換アダプタの種類と接続ケーブルを組み合わせます（左図は、組み合わせの一例です）

137

●アダプタの選択

　Sequoiaの動作するMacは、外付けディスクプレイ接続口としてUSB-Cポート（Thnderbolt4または3）が搭載されているので、アダプタはUSB-Cポート接続となります。

　次に、外付けディスプレイとつなぐケーブルとアダプタを接続する口を選択します。ディスプレイの接続に使うケーブルの形状に合わせて選択することになります。アダプタによっては、HDMI、DisplayPort、DVIなどの複数の接続口を持つ製品もあるので、1つ持っているとどのようなディスプレイにも接続できて便利です。

　USB-C－HDMI変換ケーブルや、USB-C－DisplayPort変換ケーブルを使用すると、ケーブル1本で接続できます。外付けディスプレイが4Kなどの高解像度の場合、アダプタよりも変換ケーブルを使うほうがいいでしょう。

　HDMIポートのあるMacであれば、対応アダプタを使わずにディスプレイのHDMIポートにHDMIケーブル1本で接続できます。

　よくわからない場合は、使用するMacと接続する外部ディスプレイの型番と接続口の形状（DVI、HDMI、DisplayPort）を家電量販店などで伝えて、正しい組み合わせのものを購入することをおすすめします。Apple純正である必要はありません。

USB-Cと複数のディスプレイ接続が可能なアダプタ

> **Column**
>
> **USB-Cケーブルに注意**
>
> モニタによっては、入力用のUSB-Cポートがある場合もあります。その場合、USB-Cケーブル一本で接続できますが、どんなUSB-Cケーブルでも接続できるわけではありません。映像出力用のUSB-Cケーブルを使用してください。

Macでの設定

　ノート型Mac／iMacと外部ディスプレイを接続すると、「システム設定」の「ディスプレイ」にMac本体のディスプレイと外部ディスプレイが表示され、接続されているディスプレイのそれぞれの解像度やカラープロファイルなどを設定できます。

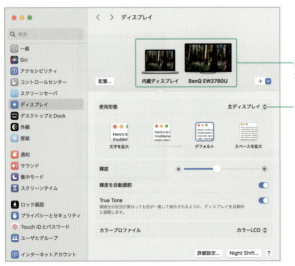

接続しているディスプレイが表示され、選択できます

選択したディスプレイが主ディスプレイか拡張ディスプレイかを選択します

138

Section 5-8 ノート型Mac/iMacで外付けディスプレイを使う

使用形態

使用形態には、拡張ディスプレイとミラーリングの2種類があります。

●拡張ディスプレイ

それぞれ別のモニタとして利用します。どちらかを主ディスプレイに設定し、他のディスプレイを拡張ディスプレイとします。

「配置」をクリックすると2つのディスプレイの位置関係が表示され、画面上で設定できます。

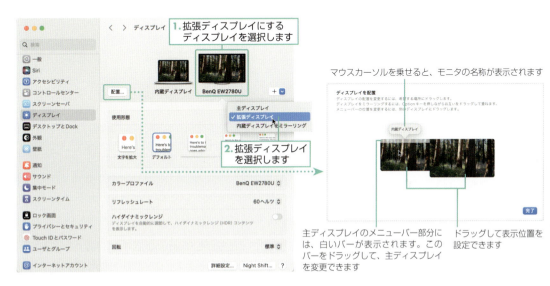

●ミラーリング

ミラーリングは、Mac本体と外付けディスプレイが同じ表示になります。

どちらかを主ディスプレイに設定し、他のディスプレイにミラーリングします。

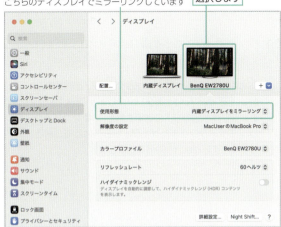

Column
ミラーリングを止める

「使用形態」をクリックして「ミラーリングを停止」を選択します。

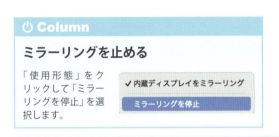

Column
ノート型Macをデスクトップ Macのように使う（クラムシェルモード）

外付けディスプレイを接続したノート型Macにキーボードやマウスを接続すれば、ノート型Macを閉じてデスクトップ型Macのように利用できます。これを「クラムシェルモード」といいます。
クラムシェルモードは、電源アダプタを接続した状態でないと利用できないのでご注意ください。

Chapter 5 Mac本体や周辺機器の設定

▶ Section 5-9 　「システム設定」▶「ディスプレイ」/ AirPlay

iPadを外付けモニタとして使う（AirPlay）

同じApple AccountでサインインしているiPadや他のMacのディスプレイを、外付けモニタとして利用できます。iPadを外付けモニタとして利用すると、Apple Pencilを利用することもできます。

システム要件

AirPlayでMacの外付けモニタとして利用できるのは、下記のiPadとなります。

▶ iPad（iPadOS搭載）の下記モデル

iPad Pro（第2世代以降）、iPad Air（第3世代以降）、iPad（第6世代以降）、iPad mini（第5世代以降）

利用の準備設定

Mac、iPadで下記の設定が必要となります。

- 同じApple Accountでサインイン（25ページ参照）
- Wi-Fiをオン（32ページ参照）
- どちらもBluetoothをオン（142ページ参照）
- iCloudで2ファクタ認証を使用（26ページ参照）

接続する

01 「システム設定」の「ディスプレイ」で接続先を選択

Dockやアップルメニューから「システム設定」を起動し、「ディスプレイ」をクリックします。
ディスプレイ名の右下に表示された ＋ をクリックし、「ミラーリングまたは拡張」から外付けモニタとして利用するMacやiPadを選択します。

iPadにMacの画面が表示されます

接続先を選択します

Section 5-9 iPadを外付けモニタとして使う（AirPlay）

02 外付けモニタとして接続される

iPadが外付けモニタとして接続されます。

- iPadが外付けモニタとして接続されます
- 拡張ディスプレイとして使用するか、ミラーリングディスプレイとして使用するかを選択します
- iPadにサイドバーを表示するには、クリックして設定位置を設定します
- iPadにTouch Barを表示するには、クリックして設定位置を設定します
- Apple Pencilでダブルタップを有効にするには、オンにします

- iPadにMacの画面が表示されます
- メニューバーの表示／非表示を切り替えます
- Dockの表示／非表示を切り替えます
- サイドバー
- ダブルタップで ⌘ キーを押した状態にする
- ダブルタップで option キーを押した状態にする
- ダブルタップで control キーを押した状態にする
- ダブルタップで shift キーを押した状態にする
- 操作を取り消す
- ソフトキーボードの表示
- MacとiPadの接続解除
- Touch Bar

ⓘ Column

接続を解除するには

iPadのサイドバーで◨をクリックします。または、Macの「システム設定」の「ディスプレイ」で接続時と同様に「ディスプレイを追加」をクリックしてiPadを選択すると接続が解除されます。

141

Chapter 5 Mac本体や周辺機器の設定

▶ **Section 5-10**　「システム設定」▶「Bluetooth」

Bluetooth機器を接続する

MacはBluetoothを標準搭載しており、他のBluetooth機器とワイヤレスで接続して使用できます。Magic MouseやMagic Trackpad、Wireless Keyboardは、Bluetooth接続です。Bluetooth機器の接続や管理は、「システム設定」の「Bluetooth」で行います。

Bluetooth機器の接続

　Bluetooth機器の接続は、「システム設定」の「Bluetooth」で行います。
　Apple製のMagic MouseやMagic Trackpad、Wireless Keyboardなど、多くのBluetooth機器は自動で認識されますが、うまく動作しない場合は手動で接続してみましょう。

> ➡ **POINT**
> iMacに付属のMagic Mouse、Wireless Keyboardは設定した状態で出荷されているので、特に設定しないで使用できます。Mac miniでは、初期設定時に自動でBluetooth接続のマウスやキーボードを認識します。

01 接続するデバイスの「ペアリング」をクリック

Dockやアップルメニューから「システム設定」を起動し、「Bluetooth」をクリックします。
Bluetoothで接続するデバイスの電源を入れてMacに近づけると、「システム設定」の「Bluetooth」ウインドウのリストに表示されます。デバイス名の横にある「接続」ボタンをクリックします。

> ➡ **POINT**
> Bluetooth機器によっては、ペアリング用のボタンを押さないと、リストに表示されないことがあります。
> 詳細は、Bluetooth機器の取扱説明書を参照してください。

Bluetoothで検知したデバイスが表示されます
Bluetoothのオン／オフを設定します
クリックします

142

Section 5-10 Bluetooth機器を接続する

02 接続された

「接続済み」と表示されたら、ペアリングが完了しBluetoothで接続されています。

Bluetoothで接続しています　　クリックすると接続を解除します

→ POINT

Bluetooth機器がうまく動作しないときは、一度ペアリングを解除して、再度ペアリングしてみてください。

→ POINT

MacとiPhone/iPadをBluetoothで接続すると、インターネット接続などが可能になります。他のBluetooth機器を同様に接続してください。ペアリングコードが表示されるので、MacとiPhone/iPadで同じコードであることを確認して「OK」をクリックしてください。

Macにペアリングコードが表示されます

→ POINT

Wireless Keyboardの場合、「ペアリング」をクリックしたあとに番号入力のポップアップ画面が表示されます。表示された番号をキーボードから順番に入力してください。

ペアリングを解除する

Bluetooth機器のペアリングを解除するには、Bluetooth機器の右側に表示されたⓘをクリックし、ポップアップウインドウで「このデバイスのペアリングを解除」をクリックします。

確認ダイアログボックスが表示されるので、「デバイスのペアリングを解除」をクリックします。

1. クリックします
2. クリックします
3. クリックします

143

Chapter 5 Mac本体や周辺機器の設定

▶ Section 5-11 「システム設定」▶「バッテリー」「省エネルギー」

省電力設定を変更する

Macは、一定の時間が経過するとスリープ状態にして、電気の消費量を抑えられます。スリープになるまでの時間などの省エネルギーに関する設定は、「システム設定」の「バッテリー」または「省エネルギー」で行います。

「バッテリー」パネルの設定

MacBook AirやMacBook Proなどのノート型の場合、「バッテリー」と「電源アダプタ」の2つの電源があります。「システム設定」の「バッテリー」では、バッテリーの使用状況を確認できます。

01 バッテリーの使用状況を確認する

Dockやアップルメニューから「システム設定」を起動し、「バッテリー」をクリックします。
バッテリーの残量グラフと画面オンの使用状況をグラフで表示できます。
使用状況は、過去24時間分と過去10日分を確認できます。

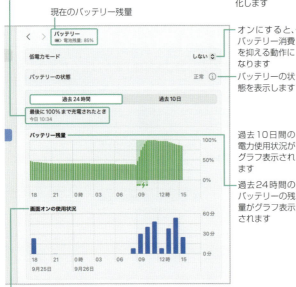

バッテリーの状態を表示します

新品時と比較したバッテリー容量が表示されます

オンにすると、バッテリーの劣化を軽減するために、バッテリー充電を最適化します

▲ クリックすると、バッテリーの状態を表示します

オンにすると、バッテリー消費を抑える動作になります

バッテリーの状態を表示します

過去10日間の電力使用状況がグラフ表示されます

過去24時間のバッテリーの残量がグラフ表示されます

最後に充電した日と、何%まで充電したかが表示されます

現在のバッテリー残量

過去24時間の画面オンの使用状況がグラフ表示されます

過去10日間の画面オンの使用状況がグラフ表示されます

02 オプションを設定する

「オプション」ボタンをクリックすると、詳細なオプションを設定できます。

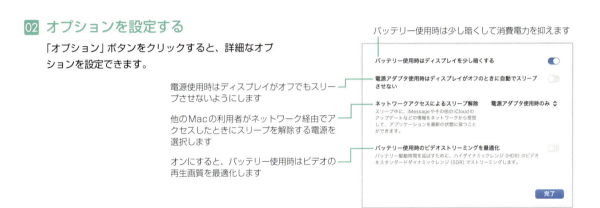

バッテリーのメニューバー表示

メニューバーでのバッテリーの使用状況の表示は、「システム設定」の「コントロールセンター」で設定します。

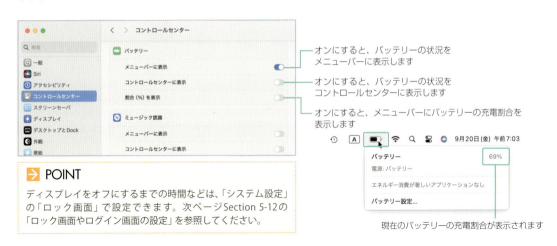

> **POINT**
> ディスプレイをオフにするまでの時間などは、「システム設定」の「ロック画面」で設定できます。次ページSection 5-12の「ロック画面やログイン画面の設定」を参照してください。

Column

「省エネルギー」

バッテリーを搭載していないMacの「システム設定」には、「省エネルギー」が表示されます。

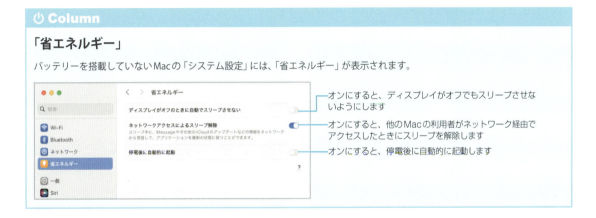

▶Section 5-12 「システム設定」▶「ロック画面」
ロック画面やログイン画面の設定

 「システム設定」の「ロック画面」では、Macを使用していないときに表示されるスクリーンセーバやディスプレイオフまでの時間などを設定します。

「ロック画面」での設定

「システム設定」の「ロック画面」を選択して、ロック画面やログインウインドウの表示方法を設定します。

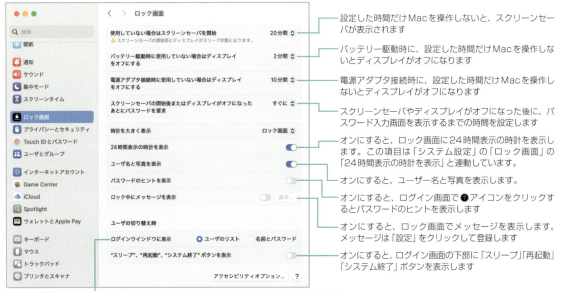

- 設定した時間だけMacを操作しないと、スクリーンセーバが表示されます
- バッテリー駆動時に、設定した時間だけMacを操作しないとディスプレイがオフになります
- 電源アダプタ接続時に、設定した時間だけMacを操作しないとディスプレイがオフになります
- スクリーンセーバやディスプレイがオフになった後に、パスワード入力画面を表示するまでの時間を設定します
- オンにすると、ロック画面に24時間表示の時計を表示します。この項目は「システム設定」の「ロック画面」の「24時間表示の時計を表示」と連動しています
- オンにすると、ユーザー名と写真を表示します。
- オンにすると、ログイン画面で❓アイコンをクリックするとパスワードのヒントを表示します
- オンにすると、ロック画面でメッセージを表示します。メッセージは「設定」をクリックして登録します
- オンにすると、ログイン画面の下部に「スリープ」「再起動」「システム終了」ボタンを表示します

ログイン画面にユーザのリストを表示するか、名前とパスワードを入力するかを設定します

ユーザのリスト

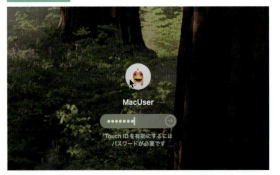

名前とパスワード

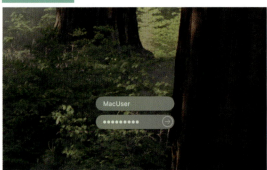

Section 5-13 日付と時刻、言語と地域を設定する

▶ Section 5-13 　「システム設定」▶「一般」▶「日付と時刻」「言語と地域」

日付と時刻、言語と地域を設定する

Macでは、メニューバーに時計が表示されます。時計の表示があっていないときの調整や表示方法は、「システム設定」の「日付と時刻」で変更します。Macで使用する言語、週の始まりの曜日、日付の西暦や和暦、時刻の書式などについては、「システム設定」の「言語と地域」で設定します。

01 「システム設定」から「日付と時刻」を選択

Dockやアップルメニューから「システム設定」を起動し、左のリストから「一般」を選択して、右のリストから「日付と時刻」をクリックします。

02 日付と時刻を設定する

日付と時刻、表示方法、時間帯などを設定します。

時間を自動で設定する基準となるサーバ（通常は変更しない）

「日付と時刻を自動的に設定」がオフのときに表示され、クリックして日付と時刻を変更できます。

日付を設定します。クリックするとカレンダーが表示され、日付を選択できます

時刻を設定します

現在の日付と時刻が表示されます

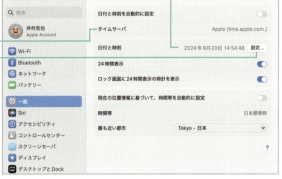

⏻ Column

日付と時刻を自動的に設定

「日付と時刻を自動的に設定」をオンにすると、Macを使用している場所の時間帯で、日付と時刻が自動設定されて表示されます。

147

●メニューバーの表示

メニューバーの時計の表示方法は、システム設定の「コントロールセンター」を開き、「メニューバーのみ」の「時計」で「時計のオプション」をクリックして設定します。

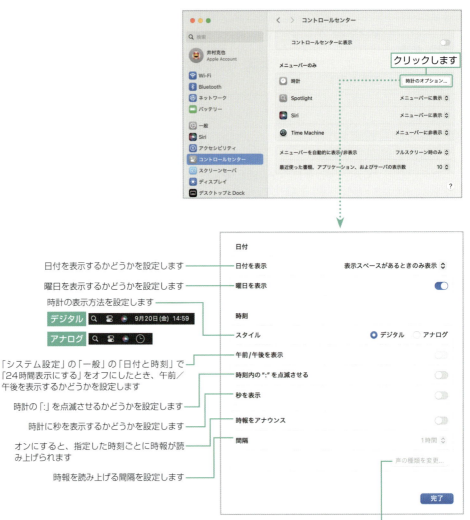

言語と地域を設定する

01 「システム設定」から「言語と地域」を選択

Dockやアップルメニューから「システム設定」を起動し、左のリストから「一般」を選択して、右のリストから「言語と地域」をクリックします。

02 使用言語や地域を設定する

Macで使用する言語や、地域などを設定します。

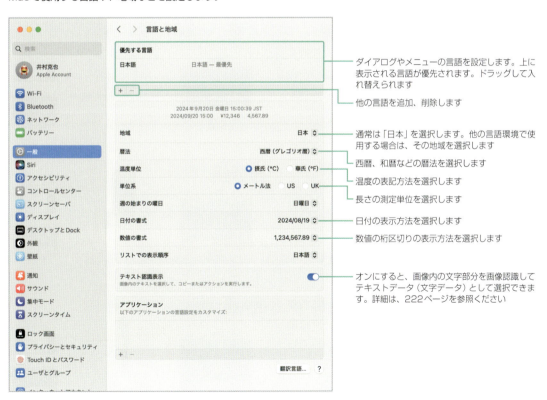

- ダイアログやメニューの言語を設定します。上に表示される言語が優先されます。ドラッグして入れ替えられます
- 他の言語を追加、削除します
- 通常は「日本」を選択します。他の言語環境で使用する場合は、その地域を選択します
- 西暦、和暦などの暦法を選択します
- 温度の表記方法を選択します
- 長さの測定単位を選択します
- 日付の表示方法を選択します
- 数値の桁区切りの表示方法を選択します
- オンにすると、画像内の文字部分を画像認識してテキストデータ（文字データ）として選択できます。詳細は、222ページを参照ください

Chapter 5 Mac本体や周辺機器の設定

▶ Section 5-14　「システム設定」▶「プリンタとスキャナ」

プリンタを接続して使えるようにする

 Macにプリンタを接続すれば、写真をプリントアウトしたり、年賀状やバースディカードなどのプリントもできます。プリンタを接続すれば、Macを使うことがさらに楽しくなります。

プリンタを接続して設定する

　Macとプリンタの接続方法は、プリンタの機種によって異なります。接続方法は、大きく分けて3つあります。USBケーブルでの接続は単純ですが、Wi-Fiや有線LANの接続に関してはプリンタの取扱説明書を参考に接続してください。

● USBケーブルで接続

　MacとプリンタをUSBケーブルで接続する方法です。接続は手軽にできますが、Macをプリンタの近くに設置する必要があります。

● Wi-Fiで接続

　プリンタをMacと同じネットワークにWi-Fiで接続する方法です。同じネットワークに接続されていれば、MacはWi-Fiでも有線でもかまいません。

● 有線LANで接続

　プリンタをMacと同じネットワークに有線で接続する方法です。同じネットワークに接続されていれば、Macは有線でもWi-Fiでもかまいません。

> POINT
> 現在のプリンタの主流は、Wi-Fi接続機能を搭載したモデルです。Macだけでなく、スマートフォンなどからも無線で接続できるためです。

Section 5-14 プリンタを接続して使えるようにする

Macで確認する

MacとプリンタをS接続したら、「システム設定」の「プリンタとスキャナ」でMacにプリンタが登録されているかを確認します。

01 プリンタを確認する

Dockやアップルメニューから「システム設定」を起動し、「プリンタとスキャナ」をクリックします。「プリンタとスキャナ」ウインドウでMacに接続したプリンタがリストに表示されていることを確認します。

確認します

⏻ Column

Webで最新の情報を入手しましょう

古いプリンタは、macOS Sequoia用のドライバをメーカーが提供しないこともあります。「ソフトウェアアップデート」でmacOS Sequoia対応のプリンタドライバがインストールされれば使用できますが、メーカーが提供しているかはわかりません。
メーカーのWebサイトで、ご使用のプリンタのmacOS Sequoiaへの対応状況を確認してください。

02 プリンタの詳細情報を表示

プリンタ名をクリックすると、ポップアップウインドウが表示され、名称などを表示できます。

スキャンを実行します（スキャナ機能のあるプリンタのみ）
プリンタの名前を設定できます
クリックすると、プリンタを削除します
プリント実行時にプリント待ちのキューを表示できます
優先的に使用するデフォルトプリンタに設定します

151

プリンタが表示されない場合

「システム設定」の「プリンタとスキャナ」ウインドウにプリンタが表示されない場合、手作業で追加します。一度設定したプリンタの設定を削除してしまった場合も同様です。

プリンタとMacをケーブルで接続した状態で操作してください。

01 「プリンタ、スキャナ、または ファクスを追加」をクリック

「プリンタとスキャナ」画面で「プリンタ、スキャナ、またはファクスを追加」をクリックします。

02 プリンタを追加する

リストに追加されたプリンタを選択して、「追加」ボタンをクリックします。

> **POINT**
> 本書での説明は、ごく一部のプリンタでの検証結果です。プリンタとMacの接続は、メーカーや機種によってそれぞれ異なるので、ご使用のプリンタの取扱説明書やWebサイトの説明をご覧ください。

▶ Section 5-15　「システム設定」▶「Touch ID とパスワード」

Touch ID を使う

Touch Bar 搭載の Mac では、Touch ID ボタンの指紋認証によってロック解除時のパスワード入力などを省略できます。Touch ID は、「システム設定」の「Touch ID」で登録します。

01　「指紋を追加」をクリック

Dock やアップルメニューから「システム設定」を起動し、「Touch ID とパスワード」をクリックします。「指紋を追加」をクリックします。

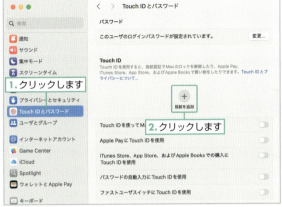

02　Touch ID で指紋を読み取り

Touch ID ボタンに指紋を登録する指を置いて指紋を読み取ります。左の指紋全体が赤くなるまで、指を当てて離すを繰り返してください。

03　指の境界部の指紋を読み取り

指の境界部分を読み取ります。Touch ID ボタンに指を置いて、左の指紋全体が赤くなるまで、指を当てて離すを繰り返してください。

04 「完了」をクリック

読み取りが完了したら、「完了」ボタンをクリックします。

クリックします

05 追加を確認

新しい指紋が追加されたことを確認します。

追加されました

❌をクリックすると、削除できます

Touch IDを使用する項目にチェックします

Column

Apple Payの支払

Touch Bar搭載のMacでは、Apple PayとTouch IDボタンの指紋認証によって、Apple Payに対応したWebサイトでの支払を行えます。Apple Payを設定するには、Apple Payに対応したクレジットカードを登録する必要があります。クレジットカードの登録は、「システム設定」の「ウォレットとApple Pay」で行ってください。
クレジットカードは内蔵カメラによる自動読み込み、手動による入力のどちらも可能です。

「システム設定」の「ウォレットとApple Pay」でApple Payで使用するクレジットカードを登録します

カード情報を入力したら、指示に従って進めてください

Chapter

6

日本語入力を
マスターしよう

メールやメッセージを送ったり、カレンダーに予定を書き込むにも、
日本語を入力しなくてはなりません。Macの日本語入力機能をマ
スターして、効率的に文字を入力しましょう。

Section 6-1　文字入力の基本
Section 6-2　入力方法を設定する
Section 6-3　絵文字や読みかたがわからない文字を入力する
Section 6-4　音声で入力する

Chapter 6 日本語入力をマスターしよう

▶ Section 6-1　「かな」キー / 「英数」キー / ひらがな / カタカナ / ABC

文字入力の基本

Macで文字を入力するためには、日本語入力プログラムが必要です。macOS Sequoiaには、日本語入力プログラムが付属しています。ここでは、文字入力の基本を覚えましょう。

■ 入力する文字種（入力ソース）を選択する

　キーボードから入力する文字種（入力ソース）は、メニューバーに表示されます。**あ**が表示されていれば日本語（ひらがなと漢字）、**A**が表示されていれば英数字、**ア**が表示されていれば全角カタカナの入力となります。

　クリックして表示される入力メニューから、入力ソースを選択して切り替えられます。

→ POINT
「システム設定」の「キーボード」を選択し「fnキーを押して」の設定を「入力ソースを変更」に設定すると、キーボードの fn キーを押して入力方法を変更できます。

→ POINT
カタカナが表示されない場合は、「システム設定」の「入力モード」で「カタカナ」をチェックしてください（162ページを参照）。

→ POINT
選択した入力方法（「ローマ字入力」か「かな入力」）によって、メニューの表示が若干異なります。

　また、日本語キーボードを利用している場合、 かな キーでひらがなの入力、 英数 キーで英数字の入力となります。

⏻ Column

入力ソースを表示する

入力メニューの「入力ソース名を表示」を選択すると、入力メニューにアイコンだけでなく文字種も表示され、わかりやすくなります。

入力方式によっては、表示される文字種の表示が異なる場合があります

日本語を入力する（変換しながら入力する）

　日本語を入力するには、日本語の読みをひらがなで入力してから、漢字に変換します。メニューバーで入力ソースが「ひらがな」 あ であること確認し、キーボードから読み（図では「もじ」）を入力します。

　読みを入力したら、☐☐☐（スペース）キーを押して漢字に変換します。

　同じ読みの漢字が多い場合には候補選択ウインドウが表示されるので、マウスでクリックするか、キーボードの ↓ キーで選択して return キーを押して選択します。

> **POINT**
> 画面は「テキストエディット」（228ページ参照）ですが、メールやメッセージなどすべての文字入力で共通です。

> **POINT**
> 「ローマ字入力」と「かな入力」の切り替えは、160ページを参照してください。

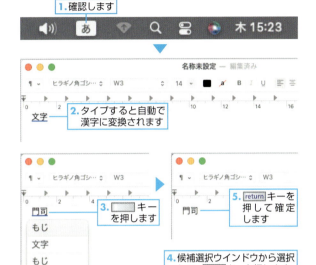

1. 確認します
2. タイプすると自動で漢字に変換されます
3. ☐☐☐ キーを押します
4. 候補選択ウインドウから選択して、return キーを押します
　☐☐☐（スペース）キーを押す度に変換候補のハイライトが下に移動します。↑キー ↓キーでも移動できます
5. return キーを押して確定します

> **Column**
> **間違えたら delete キーを押す**
> 入力中に文字を間違えて入力したら、delete キーを押すと1文字前の文字が削除されます。

> **POINT**
> 下線が表示されている状態では未確定です。再度 ☐☐☐（スペース）キーを押して他の漢字に変換できます。return キーを押して入力確定となります。

ShortCut
ひらがな入力にする
control + shift + J　または かな キー

> **Column**
> **候補選択ウインドウの表示**
> 候補選択ウインドウで選択候補を選択して少し経つと、ウインドウのサイズが大きくなり、選択している候補の意味がポップアップ表示されます。また、画面下部には分類が表示され、クリックすると部首や名前で候補が表示されます。

選択候補の漢字の意味が表示されます

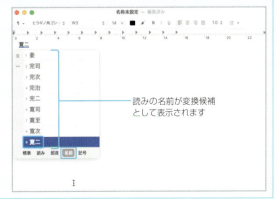

読みの名前が変換候補として表示されます

カタカナを入力する

カタカナは、入力ソースを「カタカナ」にしてから入力します。

1. 確認します

ShortCut
カタカナ入力にする
`control` + `shift` + `K`
`shift` + `かな`

POINT
読みを入力して`control`キーと`K`キーを押すと、カタカナに変換できます。

POINT
「ローマ字入力」「かな入力」の切り替えは、160ページを参照してください。

Column
プライベートモード

入力メニューの「プライベートモード」を選択してチェックを付けると、入力した文字の変換履歴を残さずに入力できます。

チェックを付けます

Column
ショートカット

日本語入力時には、ショートカットでカタカナや英数字に変換できます。

ShortCut
ひらがなに変換　全角英数字に変換
`control` + `J`　　`control` + `L`
カタカナに変換　半角英数字に変換
`control` + `K`　　`control` + `;`

半角英数字を入力する

英数字の入力には、全角と半角があります。半角英数字を入力するには、入力ソースを「英字」にしてから入力します。

1. 確認します

ShortCut
英字入力にする
`英字`キー

POINT
設定によって、`caps lock`キーでひらがなと英数字の入力を切り替えられます（162ページ参照）。

Column
ひらがなから半角英数字に変換

読みを入力して`control`キーと`;`キーを押すと、半角英数字に変換されます（「ライブ変換」がオンのときは、変換されないこともあります）。変換後は、入力文字種が英字に変わります。

Column
大文字は`shift`キーを押して入力

「P」のような大文字は、`shift`キーを押しながら入力します。また、`caps lock`キーを押してランプが付いているときは大文字、ランプが消えているときは小文字の入力となります。

Column
スペルミスのチェック

テキストエディットやPagesなど、自動スペルチェック機能を持つアプリでは、スペルミスがあると正しいスペルのポップアップが下部に表示され正しいスペルで入力されます。入力した文字の通りに入力するには、`esc`キーを押すかポップアップの×をクリックして消してください。

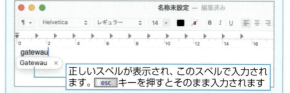
正しいスペルが表示され、このスペルで入力されます。`esc`キーを押すとそのまま入力されます

Section 6-2 入力方法を設定する

▶ Section 6-2　日本語入力／ローマ字入力／かな入力／「入力ソース」パネル

入力方法を設定する

 日本語入力には「ローマ字入力」「かな入力」の2つの方法があります。入力方法は、Macの初期設定時に選択しますが、あとからでも追加できます。

入力方法を追加する

入力方法を変更するには、新たに入力方法を追加します。ここでは「ローマ字入力」の環境に、「かな入力」を追加します。

01 メニューバーから「"日本語-ローマ字入力"設定を開く」を選択

メニューバーの あ をクリックし、メニューから"日本語-ローマ字入力"設定を開く」を選択します。

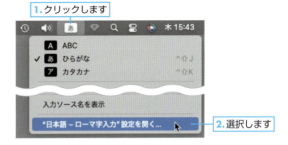

02 入力方法を切り替える

「システム設定」の「キーボード」にある「テキスト入力」の「入力ソース」の「編集」をクリックしたときに表示される「すべての入力ソース」ポップアップウインドウが表示されます。
ウインドウ左下にある + をクリックします。

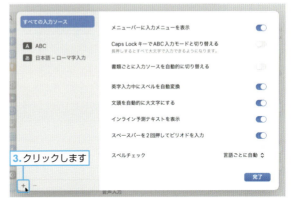

03 かな入力を追加する

「日本語−かな入力」を選択して、「追加」をクリックします。

159

Chapter 6 日本語入力をマスターしよう

04 追加された

追加されました。
「完了」をクリックして、ポップアップウインドウを
閉じます。

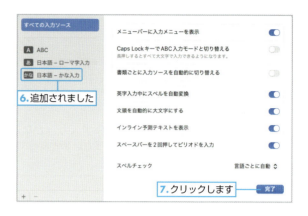

入力方法を切り替える

「かな入力」「ローマ字入力」の入力方法は、メニューバーから切り替えることができます。

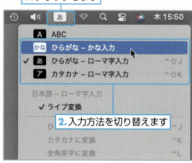

> **→ POINT**
> キーボードの かな キーは、最後に選択した入力方法に切り替わります。

> **→ POINT**
> 「システム設定」の「キーボード」を選択し、「キーボード」パネルで「fnキーを押して」の設定を「入力ソースを変更」に設定すると、キーボードの fn キーを押して入力方法を変更できます。

⏻ Column

キーボードのキーの印字

キーボードには最大4文字のキーが印字されています。この文字は、入力方法によって異なります。一般的には、右図のようになります。

キーボードに印字されている文字は、入力方法によって異なります

ローマ字入力で shift キーと一緒に押して入力される文字

ローマ字入力で入力される文字

かな入力で shift キーと一緒に押して入力される文字

かな入力で入力される文字

Macの日本語入力では、「かな入力」で「ローマ字入力」用の文字を入力するには、 option キーを押すと入力できます。
上記の例では、 option キーを押しながら あ キーを押すと「3」を入力できます。 option キーと shift キーを押しながら あ キーを押すと「#」を入力できます。
「ローマ字入力」では、厳密にこのルールが適用されるわけではありません。 , キーを押すと「、」になります。「,」を入力するには option キーを押しながら , キーを押します。
通常の入力だけでなく、 option キーを押してどんな文字が入力されるかを試しておくとよいでしょう。

160

Section 6-2　入力方法を設定する

その他の設定

01 「入力ソース」の「編集」を
クリックする

「システム設定」の「キーボード」を選択し、「テキスト入力」の「入力ソース」の「編集」をクリックします。

02 すべての入力ソースに
共通の設定をする

「すべての入力ソース」を選択すると、すべての入力ソースに共通の設定ができます。

caps lock キーを長押しすると、通常の caps lock として常に大文字が入力できるようになります。

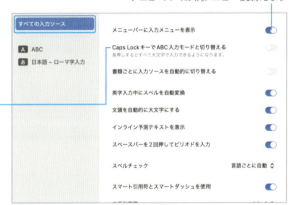

03 入力ソースごとに設定する

「日本語－ローマ字入力」または「日本語－かな入力」を選択すると、日本語入力に関する設定を行えます。

キー配列が表示されます。 shift キーや option キーを押すと、そのキーを押したときに入力できる文字が表示されます

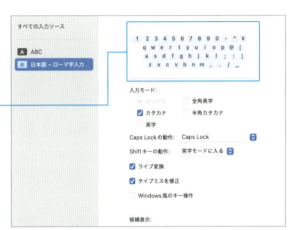

（次ページに続く）

161

Chapter 6 日本語入力をマスターしよう

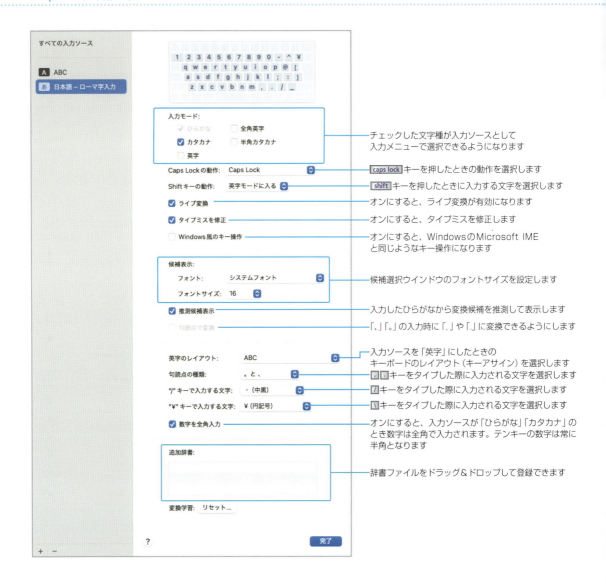

Column

辞書を追加する

辞書を追加するには、辞書ファイルを「追加辞書」のリスト内にドラッグ&ドロップしてください。
辞書ファイルは、「"きららざか","雲母坂","普通名詞"」「"ひがこ","東小金井","普通名詞"」のように、「"入力文字","変換文字","品詞"」の順番で記述したテキストファイルで作成します。品詞がわからない場合は、""で記述なしでもかまいません。
文字コードはShift-JISまたはUTF-16で保存してください。

Section 6-3 絵文字や読みかたがわからない文字を入力する

▶ Section 6-3 「システム設定」▶「キーボード」/ 入力メニュー ▶「絵文字と記号を表示」「キーボードビューアを表示」

絵文字や読みかたがわからない文字を入力する

読みかたがわからない文字や特殊な記号などは、「絵文字ビューア」を使うと部首から検索して入力できます。

部首から漢字を入力する

01 絵文字と記号を表示する

ここでは、「黌」を入力してみましょう。入力メニューから「絵文字と記号を表示」を選択します。

キーボードビューアが表示されます。
詳細は、次ページを参照してください

選択します

02 部首から漢字を検索する

右上の をクリックして、詳細表示に切り替えます。左側のリストから「漢字」を選択します。

右側に部首の画数が表示されるので、目的の漢字の画数（ここでは「黄」なので11画）の をクリックして部首を選択します。

部首の右側に、選択した部首の漢字が画数順に表示されるので目的となる文字を探します。

目的の文字をクリックすると右側に拡大されて表示され、正しい文字か確認できます。
また、読みが表示されるので、次回入力する際の変換に利用できます。

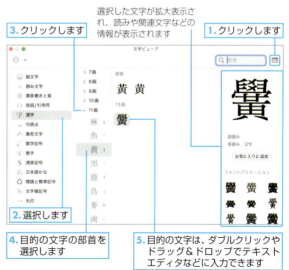

選択した文字が拡大表示され、読みや関連文字などの情報が表示されます

1. クリックします
2. 選択します
3. クリックします
4. 目的の文字の部首を選択します
5. 目的の文字は、ダブルクリックやドラッグ＆ドロップでテキストエディタなどに入力できます

163

Chapter 6 日本語入力をマスターしよう

絵文字や記号を入力する

「文字ビューア」では、読めない漢字だけでなく、記号や絵文字なども表示して入力できます。

数字

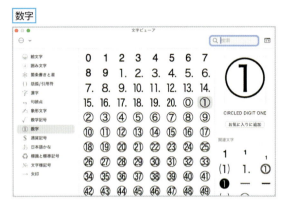

絵文字

POINT
メールで送信する際、Macで入力できてもWindowsでは使えない文字もあります。特に絵文字や記号にはご注意ください。

Column

文字ビューアを素早く呼び出す

「システム設定」の「キーボード」を選択し、「🌐キーを押して（または「fnキーを押して」）」の設定に「絵文字と記号を表示」を選択すると、文字入力時に fn キーを押すと文字ビューアを表示できます。再度 fn キーを押すと文字ビューアは非表示になります。

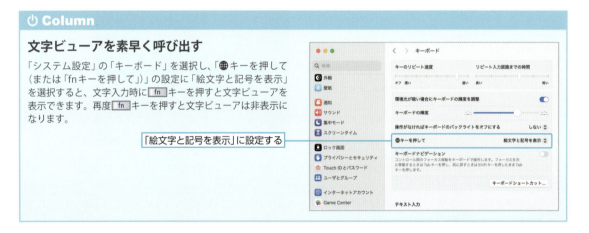

「絵文字と記号を表示」に設定する

Column

キーボードビューアを使う

キーボードビューアは、半角英数字の入力で便利に利用できます。Macでは option キーを押すと特殊記号を入力できるのですが、どのキーにどの文字が割り当てられているか頻繁に使用しないと忘れてしまいます。
キーボードビューアを使えば、どのキーに割り当てられているかがすぐにわかります。また、キーをクリックしてそのまま入力できるのも便利です。

option キーを押したときに入力できる文字

Section 6-4 「編集」メニュー ▶「音声入力を開始」

音声で入力する

macOS Sequoiaでは、文字入力できる箇所ではMacに内蔵されているマイクを利用して音声による文字入力が可能です。内蔵マイクのないMacでは、外部マイクを接続することで利用できます。

音声で入力する

音声入力は、メモ、連絡先、Finderウインドウなど、文字を入力するアプリで使用できます。
ここでは、「テキストエディット」で説明します。

01 音声入力を開始する

「編集」メニューの「音声入力を開始」を選択します。
ほとんどのアプリが同じメニューで開始できます。

ShortCut
音声入力の開始／終了
「システム設定」の「キーボード」にある「音声入力」の「ショートカット」で設定します（次ページ参照）。

Column

はじめて音声入力するとき

はじめて音声入力をするときは、音声入力を有効する確認ダイアログが表示されます。「OK」ボタンをクリックすると音声入力の注意を促すダイアログが表示されるので、「有効にする」をクリックすると音声入力が有効となります。

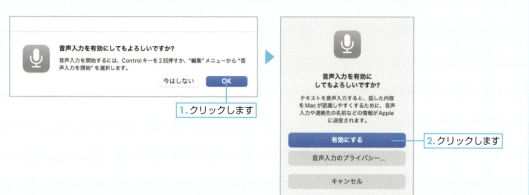

Chapter 6 日本語入力をマスターしよう

02 音声入力する

文字を入力するカーソルの横にマイクの吹き出しが表示されます。表示されないときは、「編集」メニューの「音声入力を開始」を選択するか、設定されているショートカットキーを押します。

入力したい言葉をしゃべると、音声認識されて文字が入力されます。

入力が終了したら、[esc]キーを押すか、設定されているショートカットキーを押します。

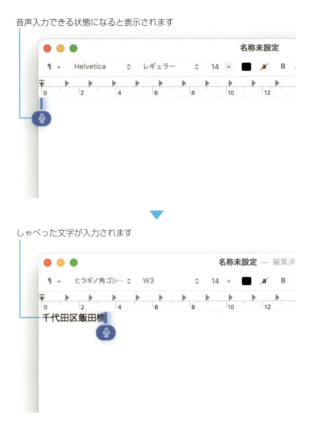

音声入力できる状態になると表示されます

しゃべった文字が入力されます

⏻ Column

音声入力のオン／オフやショートカットの設定

音声入力の有効／無効を設定するには、「システム設定」の「キーボード」を選択し、「音声入力」で設定できます。

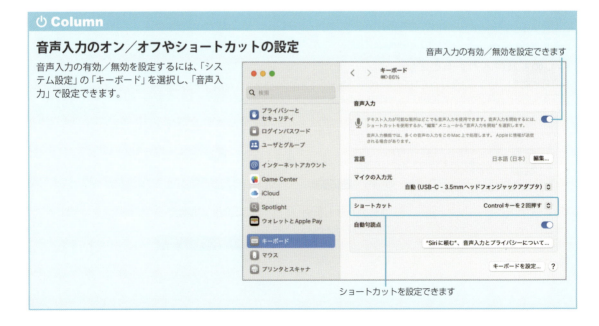

音声入力の有効／無効を設定できます

ショートカットを設定できます

Chapter

7

パスワードと
セキュリティの設定

Macはとても使いやすいコンピュータですが、安全に利用するためには、パスワードの管理や、位置情報の有効無効などの設定が必要となります。ここでは、パスワードの管理やセキュリティの設定、さらにはアクセシビリティについて説明します。

Section 7-1	パスワードを管理する
Section 7-2	アプリでの位置情報の使用を許可する/禁止する
Section 7-3	アクセスを許可/禁止するアプリや機能を選択する
Section 7-4	ディスクを暗号化する
Section 7-5	Macのアクセシビリティ支援機能を活用する

Chapter 7 パスワードとセキュリティの設定

▶Section 7-1　　Launchpad ▶「パスワード」/「サイドバー」▶「アプリケーション」▶「パスワード」

パスワードを管理する

Macを使い続けると、パスワードを入力する機会が増えますが、どのパスワードを入力すればいいのかわからなくなることがあります。macOSでは「パスワード」アプリでパスワードが一元管理され、いつでも確認できます。また、Webなどのパスワード入力時に、自動入力も可能です。

「パスワード」アプリでパスワードを確認する

Launchpadなどから「パスワード」アプリを起動します。パスワードの入力画面が表示されるので、パスワードを入力(またはTouch IDを使用)してロックを解除します。

「パスワード」アプリの画面が表示され、保存されているパスワードがリスト表示されます。パスワードを選択すると、右側にユーザーIDなどの情報が表示されます。「パスワード」欄にカーソルを移動すると、パスワードが表示されます。

クリックして起動します

パスワードを入力します
(Touch IDでもOK)

保存されているパスワードのアカウントがリスト表示されます

パスワードの種類を選択できます

選択したパスワードを信頼できる人と共有できます

選択したアカウントのユーザー名(ID)が表示されます

マウスオーバーするとパスワードが表示されます

パスワードが必要なWebサイトのURLが表示されます

セキュリティに問題のあるアカウントに表示されます
(！は使い回しや推測されやすいパスワード、
❗は漏洩の危険があるパスワード)

> **POINT**
> パスワードをiCloudに保存すると、パスワードはiCloudに保管され、同じApple Accountでサインインしているデバイスで共有されます。詳細は、25ページを参照してください。

パスワードをメニューバーで表示する

「パスワード」メニューの「設定」を選択すると、「"パスワード設定"」ウインドウが表示されます。
「メニューバーに"パスワード"を表示」をオンにすると、「パスワード」アプリをメニューバーから表示できます。

オンにします

アカウントを検索できます
クリックします
「パスワード」アプリに保存されているアカウントが表示され、クリックするとIDやパスワードを表示できます

セキュリティに問題のあるアカウント

サイドバーの「セキュリティ」をクリックすると、問題のあるアカウントだけを表示できます。
「パスワード」アプリからWebサイトを表示できるので、できるだけ安全なパスワードに変更してください。

セキュリティに問題のあるアカウントが表示されます

クリックします
クリックすると、アカウントを使用するWebサイトが表示されます。安全なパスワードに変更してください

> **POINT**
>
> Webサイトでパスワードを変更すると、ポップアップが表示されるので「パスワードをアップデート」をクリックしてください。「パスワード」アプリのパスワードが最新に更新されます。

Chapter 7 パスワードと セキュリティの設定

パスワードの登録と自動入力

アプリやWebサイトでパスワードを使用してログインすると、パスワードを保存するかを確認するポップアップウインドウが表示されるので「パスワードを保存」をクリックしてください。

クリックすると「パスワード」アプリに保存されます

パスワードを保存したアプリやWebサイトでは、ログイン画面でのメールアドレス入力欄にどのパスワードを利用するかのポップアップが表示されます。アカウント名（ユーザ名）をクリックすると、パスワードが自動で入力されます。

クリックするとIDやパスワードが自動入力されます

Column

「システム設定」の「自動入力とパスワード」

パスワードを保存するポップアップの表示や、パスワードの自動入力は、「システム設定」の「一般」の「自動入力とパスワード」で「パスワードとパスキーを自動入力」がオンである必要があります。

オンにします

Section 7-2 アプリでの位置情報の使用を許可する／禁止する

▶ Section 7-2　「システム設定」▶「プライバシーとセキュリティ」▶「位置情報サービス」

アプリでの位置情報の使用を許可する／禁止する

位置情報サービスは、Wi-Fiでのアクセス位置などから現在のMacの使用位置を特定するサービスで、マップなどのアプリと連係して利用されます。位置情報を使用したくない場合、「システム設定」の「プライバシーとセキュリティ」の「位置情報サービス」で設定します。アプリケーションごとの有効／無効も設定できます。

位置情報サービスの許可／禁止の設定

01 「システム設定」から「プライバシーとセキュリティ」を選択

Dockやアップルメニューから「システム設定」を起動し、「プライバシーとセキュリティ」をクリックします。
「位置情報サービス」をクリックします。

位置情報サービスを利用したアプリケーションの利用を許可する場合オンにします。iCloudの「Macを探す」（28ページ参照）でも利用されます

02 位置情報サービスを許可するアプリを設定する

「位置情報サービス」で有効／無効を設定します。有効の場合、アプリごとに有効／無効を設定できます。

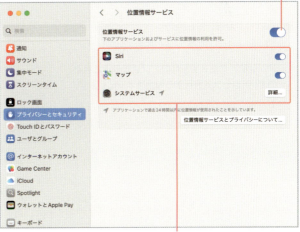

過去に位置情報サービスの利用を許可したアプリケーションがリスト表示されます。オフにすると利用できなくなります。
24時間以内に位置情報を要求したアプリケーションの右側に➤が表示されます

171

Chapter 7 パスワードとセキュリティの設定

▶ Section 7-3 「システム設定」▶「プライバシーとセキュリティ」

アクセスを許可/禁止するアプリや機能を選択する

アプリによっては、他のアプリの情報にアクセスすることもあります。「システム設定」の「プライバシーとセキュリティ」では、アプリ間の連係についても設定できます。

アクセスを許可/禁止するアプリや機能を選択

01「システム設定」から「プライバシーとセキュリティ」を選択

Dockやアップルメニューから「システム設定」を起動し、「プライバシーとセキュリティ」をクリックします。
アクセスを許可/禁止するアプリや機能をクリックします。

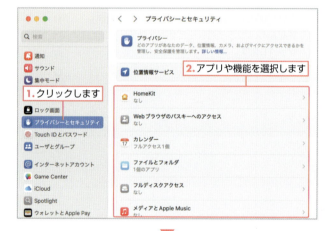

02 アプリを選択してアクセスを許可/禁止する

アプリにアクセスする他のアプリが表示されるので、アクセスを許可する場合はオンにします。

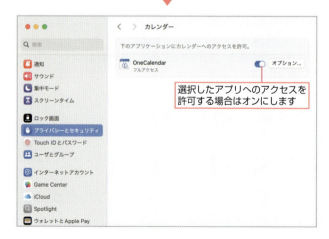

Section 7-4 ディスクを暗号化する

▶ Section 7-4 　「システム設定」▶「プライバシーとセキュリティ」▶「FileVault」

ディスクを暗号化する

macOSでは、ディスクを暗号化してデータのセキュリティを高めることができます。暗号化は、「システム設定」の「プライバシーとセキュリティ」の「FileVault」で設定します。

01 「FileVault」をオンにする

Dockやアップルメニューから「システム設定」を起動して、「プライバシーとセキュリティ」をクリックします。画面を下にスクロールして、「FileVault」をクリックします。
次の画面で「オンにする」をクリックします。

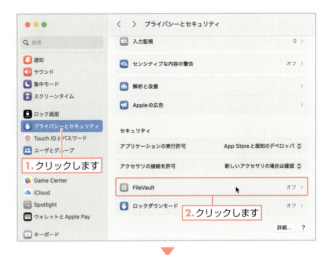

02 ロックを解除する

ログインパスワードを入力して、「ロックを解除」をクリックします。

> **POINT**
> FileVaultの設定は、管理者ユーザである必要があります。

> **POINT**
> 暗号化したディスクにログインする場合は、必ずログインパスワードが必要になります。

173

Chapter 7 パスワードとセキュリティの設定

03 iCloudアカウントを使うか選択する

パスワードを忘れた場合の復旧方法として、iCloudアカウントを利用するかを選択します。ここでは自分で保管するので、「復旧キーを作成して、iCloudアカウントは使用しない」を選択して、「続ける」ボタンをクリックします。

1. iCloudアカウントを使用するかどうかを設定します
2. クリックします

04 復旧キーをメモする

FileVaultをオンにすると、復旧キーが表示されます。このキーは、ディスクにアクセスするためのログインパスワードを忘れた場合に必要となるので、メモするなどして大事に保管してください。

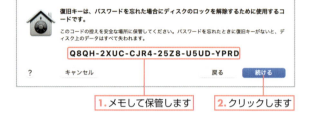

1. メモして保管します
2. クリックします

> **POINT**
> 再起動のポップアップが表示されたら、「再起動」をクリックしてください。

05 暗号化される

暗号化したディスクにログインする場合は、ログインパスワードが必要になります。

クリックすると暗号化をオフにします

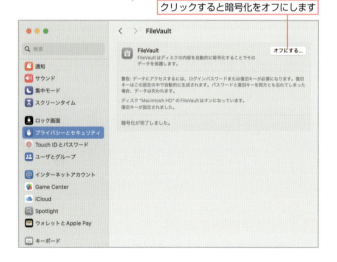

174

Section 7-5　「システム設定」▶「アクセシビリティ」
Macのアクセシビリティ支援機能を活用する

Macには、視聴覚にハンディキャップがあったり操作が困難なユーザがMacを使いやすくするための「アクセシビリティ」の設定があります。「システム設定」の「アクセシビリティ」で機能を選択して設定してください。

VoiceOver

オンにすると、VoiceOver機能が有効となり、画面の表示内容を音声で読み上げます。

VoiceOver機能のオン／オフは、⌘＋F5キー（Touch Bar搭載のMacは⌘＋Touch IDを素早く3回押す）でも可能です。

> **POINT**
> VoiceOverで使用する音声は、「システム設定」の「アクセシビリティ」で「読み上げコンテンツ」を選択して設定できます。

オンにするとVoiceOver機能が有効となり、画面の表示内容を音声で読み上げます

ズーム機能

画面のズーム機能を設定します。

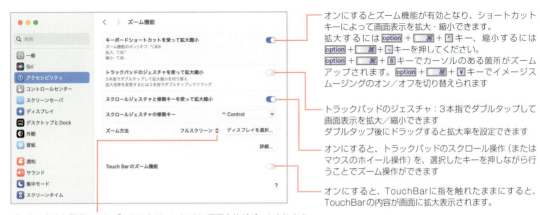

オンにするとズーム機能が有効となり、ショートカットキーによって画面表示を拡大・縮小できます。
拡大するにはoption＋⌘＋^キー、縮小するにはoption＋⌘＋-キーを押してください。
option＋⌘＋8キーでカーソルのある箇所がズームアップされます。option＋⌘＋¥キーでイメージスムージングのオン／オフを切り替えられます

トラックパッドのジェスチャ：3本指でダブルタップして画面表示を拡大／縮小できます
ダブルタップ後にドラッグすると拡大率を設定できます

オンにすると、トラックパッドのスクロール操作（またはマウスのホイール操作）を、選択したキーを押しながら行うことでズーム操作ができます

オンにすると、TouchBarに指を触れたままにすると、TouchBarの内容が画面に拡大表示されます

ズームの方法を選択します。「フルスクリーン」では、画面全体がズームされます。「ピクチャ・イン・ピクチャ」では拡大用のウインドウが表示されます

175

音声コントロール

　Macでは、音声入力による操作が可能です。ここで設定されている音声入力コマンドを読むと、声によってアプリの起動・終了や、テキストの選択などの操作が可能になります。

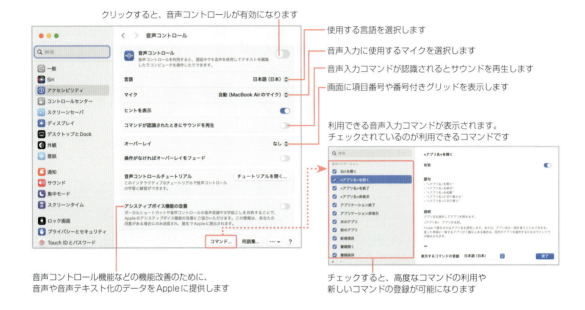

音声コントロール機能などの機能改善のために、
音声や音声テキスト化のデータをAppleに提供します

チェックすると、高度なコマンドの利用や
新しいコマンドの登録が可能になります

その他の機能

　「システム設定」の「アクセシビリティ」には、他の以下のような設定項目が用意されています。

ホバーしたテキストの拡大	指定箇所のテキストを拡大表示や、入力中のテキストを拡大表示します。
ディスプレイ	画面表示の色を反転するなどの、画面表示に関する設定を行います。
読み上げコンテンツ	VoiceOverなどで読み上げする声／速度／音量や、読み上げる対象を設定します。
バリアフリー音声ガイド	ビデオ説明サービスがある場合、ビデオを再生します。
オーディオ	通知音とともに画面を点滅させるなど、音に関する設定を行います。
RTT	連携しているiPhoneでの通話中にテキストで会話できるRTT（リアルタイムテキスト）のオン／オフを設定します。使用できるかは、通信事業者によります。
字幕	字幕とキャプションの表示方法を設定します。
キーボード	キーボードの操作に関する設定を行います。
ポインタコントロール	ダブルクリックの間隔や、キーボードのテンキーでマウス操作を行えるように設定します。
スイッチコントロール	1つのボタンだけでMacを自由に操作できるように、スイッチコントロールを設定します。
ライブスピーチ	入力した文字を読み上げます。
パーソナルボイス	ライブスピーチの音声として利用する音声を、自分の声を録音して登録します（英語のみ）。
ボーカルショートカット	Siriの利用や、ショートカット、アクセシビリティの設定を、設定した言葉の音声で実行できるようにします。
Siri	Siriの使用時に音声でなくタイプ入力を可能にします。
ショートカット	アクセシビリティのショートカットキーのオン／オフを設定します。

Chapter

8

ホームページを閲覧する （Safari）

macOS Sequoiaの「Safari」には、Webページをより効率よく、
読みやすく閲覧するだけでなく、興味のあるWebページを登録・
整理・共有するための、さまざまな機能が用意されています。

Section 8-1   Safariの基本
Section 8-2   1つのウインドウに複数のWebページをまとめて表示する（タブ表示）
Section 8-3   気に入ったWebページをブックマークに登録する
Section 8-4   リーダーの表示／ビデオビューアの表示／気をそらす項目を非表示
Section 8-5   Webページのパスワードを保存する
Section 8-6   これまでに表示したWebページを確認する（履歴）
Section 8-7   プライベートブラウズを使用する
Section 8-8   翻訳機能を使う

Chapter 8 ホームページを閲覧する（Safari）

▶ Section 8-1　Safari / インターフェイス / リーディングリスト / スマート検索フィールド

Safariの基本

インターネットのWebページを見るために、macOSにはSafariが標準で付属しています。インターネットに接続できる環境を用意して、SafariでWebページを楽しみましょう。

Safariを起動する

Dockにある「Safari」をクリックすると、Safariが起動します。

クリックします

● Safariのインターフェイス

● Column

ステータスバーの表示

「表示」メニューの「ステータスバーを表示」を選択すると、Webページ内のリンク先や画像の情報が下部に表示されます。

① クリックすると、サイドバーを表示します（182ページ参照）。
② タブグループを作成します。
③ 前に表示していたWebページを表示します。
④ 後に表示していたWebページを表示します。
⑤ クリックすると、リーダー表示やビデオの全面表示を選択できます。また、表示したくない範囲を設定できます。
⑥ 「スマート検索フィールド」と呼ばれる表示中のWebページのアドレスが表示されます。表示したいWebページのアドレス（URL）を直接入力したり、検索したい語句を入力します（下記参照）。
⑦ 指定した言語に翻訳します（190ページ参照）。
⑧ 表示中のWebページを再読み込みします。テキスト形式でスポーツ実況をしているWebページなどで、最新の情報に更新したい場合に使用します。
⑨ 進行中のダウンロードの状態が表示されます。これまでのダウンロード履歴を確認することもできます。
⑩ 表示中のWebページを共有します（267ページ参照）。また、ブックマークやリーディングリストに追加します。
⑪ クリックすると、タブを追加します。
⑫ 現在開いているタブの内容を一覧表示します。
⑬ 1つのウインドウ内に複数のWebページを表示する場合、それぞれのWebページは「タブ」という単位で表示されます（180ページ参照）。
⑭ 「ページピン」機能を使用すると、よく見るWebサイトをタブに固定できます。クリックすると、最新の状態でページを表示できます（180ページ参照）。
⑮ 登録したタブグループが表示されます。
⑯ ブックマークサイドバーを表示します（182ページ参照）。
⑰ リーディングリストサイドバーを表示します。
⑱ 「メッセージ」アプリでピン固定したリンクが表示されます。

Column

リーディングリスト

リーディングリストは、Webページの内容を保存する機能です（前ページの⑩をクリックして「リーディングリストに追加」を選択すると登録されます）。リーディングリストに登録したWebページはオフライン用に保存するとインターネットに接続していない状態でも読めるので、外出先で読む場合などに便利です。

検索語句を入力して、見たいWebページを探す

● 検索語句を入力

スマート検索フィールドに見たいWebページに関係がありそうな語句（検索語句）を入力してから、returnキーを押します。
　語句を空白文字で区切ると、複数の検索語句で検索できます。

● 表示中のWebページ内の語句を使って検索する

表示されているWebページから、検索したい語句をドラッグして選択状態にします。controlキーを押しながらクリック（右クリックでも可）してショートカットメニューの「Googleで検索」を選択します。

Chapter 8 ホームページを閲覧する（Safari）

▶ Section 8-2　　Safari／タブ／ショートカットメニュー ▶「リンクを新規タブで開く」

1つのウインドウに複数のWebページをまとめて表示する（タブ表示）

「複数のWebページをまとめて開いて、あとでゆっくり見たい」「関連Webページを開きたいけれど、表示中のWebページはそのままにしておきたい」というような場合は、Webページをタブ表示すると便利です。

タブを追加してから、見たいWebページを表示させる

01　新しいタブを追加
タブバー右端の＋をクリックして、新しいタブを追加します。

02　見たいWebページを表示
追加したタブで、見たいWebページを表示します。表示するタブを切り替えるには、見たいWebページのタブをクリックします。

ShortCut
新規タブ　⌘＋T

1.クリックします

2.追加したタブでWebページを表示します

Column　タブを閉じる
タブにマウスカーソルを重ねると✕が表示されるので、クリックするとタブを閉じることができます。

よく見るタブを固定する（ページピン）

「ウインドウ」メニューの「タブを固定」を選択するか、タブを左までドラッグすると、表示しているWebページをタブとして固定できます。クリックすると、最新の状態で表示されます。

固定化されたタブ

タブを左端までドラッグ

POINT
「ウインドウ」メニューの「タブを固定解除」を選択するか、固定したタブを右にドラッグすると、固定を解除できます。

Section 8-2 1つのウインドウに複数のWebページをまとめて表示する（タブ表示）

リンク先のページを新規タブや新規ウインドウで開く

開きたいページのリンクを control キーを押しながらクリックします（右クリックでも可）。

ショートカットメニューから「リンクを新規タブで開く」を選択すると、リンク先のページが新しいタブとして背後に表示されます。

「リンクを新規ウインドウで開く」を選択すると、新しいウインドウでリンク先のページが表示されます。

タブの内容を一覧表示する

ツールバー右端の をクリックすると、表示中のウインドウで開いているすべてのタブのプレビューが表示されます。

プレビューをクリックすると、選択したタブの内容に表示が切り替わります。タブをドラッグして、表示順を入れ替えることもできます。

→ POINT

タブの上にマウスカーソルを重ねると、そのWebページがプレビュー表示されます。

→ POINT

「ウインドウ」メニューから「すべてのウインドウを結合」を選択すると、複数のウインドウで開いているWebページを1つのウインドウにタブ表示でまとめることができます。

→ POINT

別のウインドウで開きたいタブを表示してから「ウインドウ」メニューから「タブをウインドウに移動」を選択するか、タブ部分をウインドウの外側にドラッグすると、タブを切り離して新しいウインドウで表示することができます。

Chapter 8 ホームページを閲覧する（Safari）

▶ Section 8-3　Safari／「ブックマーク」メニュー／「お気に入りバー」／「ブックマークサイドバー」

気に入ったWebページをブックマークに登録する

気に入ったニュースサイトやブログをブックマークに登録して、お気に入りやブックマークメニューからすぐにアクセスできます。ブックマークをフォルダに分類して整理することもできます。

Safariで利用できるブックマーク

登録したブックマークにアクセスする方法として、Safariでは「ブックマーク」メニューの他に「お気に入り」と「ブックマークサイドバー」が用意されています。
用途に合わせて使い分けると便利です。

ブックマークサイドバー

クリックして表示／非表示を切り替えられます

お気に入り　スマート検索フィールドをクリックすると表示されます

⏻ Column

お気に入りバーの表示

「表示」メニューの「お気に入りバーを表示」を選択すると、お気に入りバーに「お気に入り」に登録したWebサイトが表示されます。

お気に入りバーも表示できます

Section 8-3 気に入ったWebページをブックマークに登録する

ブックマークを登録する

01 □をクリックして登録する

ブックマークに登録するWebページを表示します。□をクリックして、「ブックマークに追加」を選択します。

1. 登録したいWebページを表示します
2. クリックします
3. 選択します

ShortCut
ブックマークに追加 ⌘+D

02 登録先と表示名を設定して追加する

ブックマークの登録先を選択し、必要に応じて表示名を編集して「追加」をクリックします。

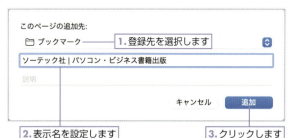
1. 登録先を選択します
2. 表示名を設定します
3. クリックします

03 ブックマークが登録される

選択した場所にブックマークが登録されます。頻繁にアクセスするWebページはお気に入り、それ以外はブックマークメニューに登録するように使い分けると便利です。

4. 選択した場所にブックマークが登録されます

登録したブックマークをフォルダで分類して整理する

　ブックマークはWebページのジャンル（例：ニュース、スポーツ）や自分の使い方（例：毎日読む、趣味）にあわせてフォルダで整理すると便利です。

01 「ブックマーク」メニューの「ブックマークを編集」を選択

「ブックマーク」メニューから「ブックマークを編集」を選択します。

1. 選択します

ShortCut
ブックマークを編集
option+⌘+B

Chapter 8 ホームページを閲覧する（Safari）

02 「新規フォルダ」をクリック

ブックマークサイドバー右上の「新規フォルダ」をクリックします。フォルダが追加されるので、フォルダの名前を入力します。

03 ドラッグ＆ドロップで整理

ブックマークに登録されているWebページを、追加したフォルダにドラッグ＆ドロップして整理します。

Column
ブックマークの編集を終える

「ブックマーク」メニューから「ブックマークエディタを非表示」を選択します。再度、option + ⌘ + B キーを押してもかまいません。

Column
ブックマークを移動する／削除する

ブックマークサイドバーのWebページのリスト部分やフォルダをドラッグ＆ドロップして、表示順を変更できます。Webページのリスト部分を control キーを押しながらクリック（右クリックでも可）して「削除」を選択すると、ブックマークやブックマークフォルダを削除できます。

登録したブックマークの名前を変更する

登録したブックマーク名が長すぎたり、内容がわかりにくい名前がついていると、あとからアクセスする際に「ブックマークに登録したはずだけど、どれだっけ？」と困ってしまいます。必要と好みに応じて、ブックマークの登録名を変更できます。

01 □をクリック

ツールバーの□をクリックしてサイドバーを開き、「ブックマーク」をクリックしてブックマークサイドバーを表示します。
名前を変更するWebページのリスト部分を control キーを押しながらクリック（右クリックでも可）して、「名称変更」を選択します。

→ POINT
「アドレスを編集」を選択するとURLの編集、「削除」でブックマークの削除、「コピー」でブックマークをコピーできます。

ShortCut
ブックマークサイドバーを表示
control + ⌘ + 1

02 ブックマークの登録名を変更

ブックマークの登録名を変更します。

184

Section 8-4 リーダーの表示／ビデオビューアの表示／気をそらす項目を非表示

▶Section 8-4　「表示」メニュー ▶「リーダーを表示」／ビデオビューアを開始」

リーダーの表示／ビデオビューアの表示／気をそらす項目を非表示

リーダーは、テキスト情報の多いページで、Webページ内の本文部分だけを表示する機能です。また、ビデオビューアは、ムービーをSafariの画面全体で表示します。

リーダーで表示する

をクリックして「リーダーを表示」を選択すると、Webページ内の本文部分だけを表示できます。リンクなどの他の情報を非表示にできるので、文字情報をじっくり読みたいときに便利です。

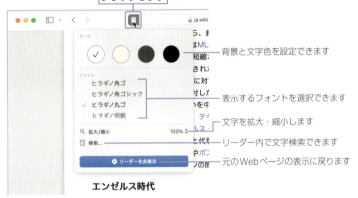

> **POINT**
> リーダー表示の外側部分をクリックしても、元の表示に戻れます。

> **POINT**
> リーダー表示できないWebページもあります。

ビデオビューアの表示

動画の表示されるWebページで、🖥をクリックし「ビデオビューア」を選択すると、Safariのウインドウ全体に動画を表示できます。

> **POINT**
> 元に戻るには、再度🖥をクリックし、「ビデオビューアを終了」を選択してください。

見たくない部分を非表示にする

🖥をクリックし、「気をそらす項目を非表示」を選択すると、Webページ内で表示したくない部分を選択して非表示にできます。

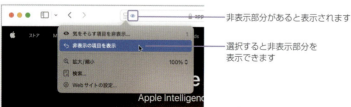

> **POINT**
> Sequoiaの新機能である「ハイライト」は、2024年9月末時点では、日本では利用できないようです。

Section 8-5 Webページのパスワードを保存する

▶ Section 8-5　「Safari」メニュー ▶「設定」▶「パスワード」パネル

Webページのパスワードを保存する

パスワードが必要なWebサイトのユーザ名とパスワードをSafariに保存して、自動入力できます。ユーザ名とパスワードを保存しておけば、次回から入力する必要はありません。

パスワード入力が必要なWebページでパスワードを保存する

01 Webページでユーザ名とパスワードを入力

パスワードの入力が必要なWebページにアクセスします。
ユーザ名とパスワードを入力すると、確認ダイアログが表示されます。

1. ユーザ名とパスワードを入力します
2. クリックします

02 「パスワードを保存」をクリック

「パスワードを保存」ボタンをクリックすると、次回からはユーザ名とパスワードが自動で入力されます。

クリックします

▶ POINT

自動入力を利用する場合は、自分以外の第三者がMacを利用しないように注意しましょう。また、商品を購入するWebサイトなど、課金・決済に関連するWebサイトでは自動入力を使用せずに、面倒でも手動で入力するようにしましょう。

▶ POINT

パスワードを保存すると、次回入力時にどのパスワードを利用するかのポップアップが表示されます。アカウント名（ユーザ名）をクリックすると、パスワードが自動で入力されます。

クリックすると、パスワードが自動入力されます

▶ POINT

保存したパスワードは、「パスワード」アプリで確認できます。168ページを参照ください。

187

Chapter 8 ホームページを閲覧する（Safari）

▶ Section 8-6　Safari /「履歴」メニュー ▶「すべての履歴を表示」

これまでに表示したWebページを確認する（履歴）

履歴表示を使用して、これまでにSafariで表示したWebページを確認できます。「確かに見たはずだけど、どのWebページなのか思い出せない」という場合には、履歴を検索することもできます。

履歴を表示する

01 履歴を表示

「履歴」メニューから「すべての履歴を表示」を選択します。

選択します

02 履歴を確認

これまでに表示した履歴を確認します。
ウインドウ右上の検索フィールドで履歴内に含まれる語句を検索して、Webページを検索することもできます。
履歴を選択して delete キーを押すと、選択した履歴だけを削除できます。

語句を入力して履歴を検索できます

「履歴を消去」ボタンをクリックすると、
指定した期間の履歴を消去できます

履歴は日付ごとにまとめて表示されます

⏻ Column

履歴を消去

「履歴」メニュー下部の「履歴を消去」や「履歴」ウインドウの「履歴を消去」では、指定した期間に閲覧したWebサイトの履歴をCookieやその他のWebサイトデータと一緒に削除します。
Cookieやその他のWebサイトデータを残して、閲覧履歴だけを消去したいときは、「Safari」メニューを option キーを押しながら表示して、「履歴を消去（Webサイトデータは保持）」を使って履歴を消去してください。

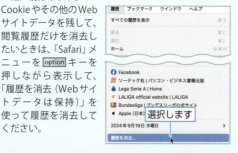

選択します

188

Section 8-7 プライベートブラウズを使用する

▶ Section 8-7　Safari /「ファイル」メニュー ▶「新規プライベートウインドウ」

プライベートブラウズを使用する

 自分のMac以外でSafariを利用する際、閲覧履歴や検索履歴を残したくないときは、プライベートブラウズを使用しましょう。

プライベートブラウズを利用する

01 プライベートブラウズを開始する

「ファイル」メニューから「新規プライベートウインドウ」を選択します。

ShortCut
新規プライベートウインドウ
shift + ⌘ + N

選択します

02 通常どおり利用する

新しくプライベートブラウズモードのウインドウが表示されます。画面上部のスマート検索フィールドがグレーで表示されます。
通常のSafariと同様に利用できますが、閲覧履歴、検索履歴、自動入力情報などは保存されません。

プライベートブラウズのウインドウが表示されます

プライベートブラウズでは、グレーで表示されます

→ POINT
プライベートブラウズモードの画面でも、タブ表示は可能です。プライベートブラウズウインドウ内のタブは、どのタブでもプライベートブラウズとなります。

Column

Safari起動時にプライベートブラウズウインドウを開く

Safari起動時にプライベートブラウズウインドウを開くように設定するには、「Safari」メニューから「設定」（⌘ + ,）を選択し、「一般」パネルの「Safariの起動時」で「新規プライベートウインドウ」を選択します。

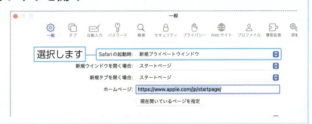

選択します

189

▶ Section 8-8　Safari / 日本語に翻訳

翻訳機能を使う

Safariには、翻訳機能があります。正確な日本語ではなくても、英文サイトに書かれている概要が日本語でわかると大変便利です。

01 「日本語に翻訳」を選択

英文サイトなどで、スマート検索フィールドに表示された をクリックして、「日本語に翻訳」を選択します。

02 「翻訳を有効にする」をクリック

「翻訳を有効にする」ボタンをクリックします。

03 翻訳表示された

日本語に翻訳されて表示されます。

翻訳表示された

Column

原文に戻す

原文に戻すには、 をクリックして「原文を表示」を選択します。

Chapter

9

電子メールを活用する
（メール）

・・・

macOS Sequoiaの「メール」には、電子メールをやり取りするだけでなく、蓄積したメールを整理して活用するための、さまざまな機能が用意されています。

Section 9-1 アカウントを設定する
Section 9-2 メールを受信する
Section 9-3 迷惑メール対策をする
Section 9-4 メールを作成して送信する
Section 9-5 メールを整理する／管理する
Section 9-6 メールに自分の署名を付ける

Chapter 9 電子メールを活用する（メール）

▶ Section 9-1　メール / アカウント /「アカウント」パネル

アカウントを設定する

「メール」で電子メールをやり取りするには、初回起動時にアカウント（メールアドレスや送受信サーバ）の設定が必要です。プロバイダから指定されたメールアドレスやメールパスワードなどの情報を用意してから、設定を始めてください。

01 設定資料を確認

契約しているプロバイダからの資料などを確認して、以下の情報を用意します。

- 電子メールアドレス：「XXX@zzz.ne.jp」のような形式です。
- メールユーザ名：通常は、電子メールアドレスの@の左側（上記：XXXX）の部分です。
- パスワード：メール用のパスワードです。
　　　　　　　インターネット接続用のパスワードとは異なる場合がありますので、ご注意ください。
- 受信用メールサーバ：「pop.zzz.ne.jp」のように表記されます。
- 送信用メールサーバ：「mail.zzz.ne.jp」のように表記されます。

02 Dockの「メール」をクリック

Dockにある「メール」をクリックすると、メールが起動します。最初の起動時には、「メールアカウントのプロバイダを選択」ダイアログボックスが表示されます。表示されない場合は、「メール」メニューから「アカウントを追加」を選択してください。

1. クリックします

03 アカウントの種類を選択

「その他のメールアカウント」を選択してから、「続ける」ボタンをクリックします。ここでは、一般のプロバイダのアカウントを例として説明します。

> **POINT**
> Apple Accountでサインインし、「@icloud.com」アドレスを使用している場合は、自動でアカウントが登録されます。Google（Gmail）は、使用するアカウントの種類を選択し、「名前」「アカウントのID」「アカウントのパスワード」を入力するだけで使用できます。

2. 選択します　3. クリックします

04 アカウント情報を入力

アカウント情報を入力してから、「サインイン」ボタンをクリックします。

メール送信時に使用する自分の名前を入力します。日本語以外を使用する相手にメールを送信する機会がある場合は、ローマ字表記で入力することをおすすめします

プロバイダから指定されたメールアドレスを入力します

プロバイダから指定されたメールパスワードを入力します

1. 入力します
2. クリックします

Section 9-1 アカウントを設定する

　アカウントの設定が終わったらテストメールを送信して（197ページ参照）、正しく設定できているか確認しましょう。
　テストメールを送る相手がいない場合や、送受信のテストをする場合は、自分宛にメールを出してみるとよいでしょう。

➡ POINT
「このアカウントで使用するアプリケーションを選択してください」の画面が表示されたら、「メール」をチェックして「完了」をクリックしてください。

➡ POINT
新しいアカウントを追加する場合は、「メール」メニューから「アカウントを追加」を選択して、同様の手順で設定します。

⏻ Column

メールサーバ情報の入力

この画面が表示された場合は、プロバイダから指示された情報に従って、ユーザ名、アカウントの種類、受信用メールサーバ、送信用メールサーバの情報を入力します。入力したら、「サインイン」ボタンをクリックします。

⏻ Column

インターネットアカウント

メールアカウントを追加すると、「システム設定」の「インターネットアカウント」ウインドウに「メール」として追加されます。このアカウントは、「メール」の「設定」ウインドウと連動しています。

⏻ Column

アカウントの設定を編集する

「メール」メニューから「設定」（⌘＋,）を選択して、「アカウント」パネルを表示します。編集したいアカウントを選択してから、設定内容を編集してください。

Chapter 9 電子メールを活用する（メール）

▶ Section 9-2　　メール／「メッセージビューア」／「受信」メールボックス

メールを受信する

インターネットに常時接続している状態では、「メール」は新しいメールを自動受信します（初期設定）。外出先などでインターネットにその都度接続しているような場合は、インターネット接続中に手動で受信します。

01 ✉をクリック

メッセージビューアの ✉ をクリックすると、新しいメールを受信します。
受信したメールは「受信」メールボックスに保存され、中央にリスト表示されます。

ShortCut
新規メールをすべて受信　shift + ⌘ + N

02 メールの内容を確認

メールリストからメールをクリックして選択すると、右側にメールの内容が表示されます。

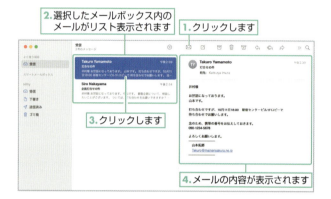

1. クリックします
2. 選択したメールボックス内のメールがリスト表示されます
3. クリックします
4. メールの内容が表示されます

➡ POINT
メールリストのメールをダブルクリックすると、独立したウインドウで表示できます。複数のメールを見比べるときなどに便利です。

Column

メールにファイルが添付されている場合は

メール本文の最後にアイコンが表示されます。画像データやPDFファイルの場合は、内容がそのまま表示されることもあります。

- 添付されているファイルは、アイコンをデスクトップやフォルダにドラッグして保存できます。
- control キーを押しながらクリック（右クリックでも可）してショートカットメニューから「添付ファイルをクイックルック」を選択すると、ファイルの内容を確認できます。また、「添付ファイルを保存」を選択すると、ファイル名と保存場所を指定して保存できます。

ファイルの場合は添付アイコンが表示されます

画像はメール本文中に表示されます

Section 9-3 「メール」メニュー ▶「設定」▶「迷惑メール」パネル

迷惑メール対策をする

「メール」は迷惑メールと疑われるようなメールを自動で分別する、迷惑メールフィルタを搭載しています。迷惑メールかそうでないのかを「メール」に学習させることで、迷惑メール分別の精度を向上させられます。

迷惑メールフィルタを設定する

01 「迷惑メール」パネルを表示

「メール」メニューから「設定」（⌘ +,）を選択し、「設定」ダイアログボックスの「迷惑メール」パネルの「迷惑メールの動作」を表示します。

02 設定を変更

迷惑メールフィルタを使用するには、「迷惑メールフィルタを有効にする」をチェックします。
必要に応じて、設定を変更します。

迷惑メール受信時の動作を選択します
チェック項目に該当するメールは迷惑メールと判断しません
迷惑メール分別時に迷惑メールヘッダを信頼する場合は、チェックを付けます

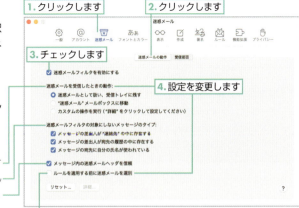

1. クリックします
2. クリックします
3. チェックします
4. 設定を変更します

ルール適用前に迷惑メール分別する場合は、チェックを付けます（迷惑メール分別の精度が低い場合は、ルールで振り分ける必要なメールが迷惑メールとして扱われてしまう場合があるため、あまりおすすめしません）

▶ 迷惑メールを受信した場合は

「メール」が迷惑メールと判断しても、迷惑メールではない場合があります。逆に、迷惑メールであるにも関わらず、普通のメールと判断されてしまうこともあります。

「迷惑メール」と思ったメールは、🗑をクリックして、「迷惑メール」メールボックスに移動してください。

また、メールが迷惑メールではない場合は「迷惑メールではない」をクリックしてください。

迷惑メールを開いた状態
メールボックス内での迷惑メール
迷惑メールの場合はクリックします

→ POINT

「迷惑メール」ボックスは、「よく使う項目」の⊕をクリックし、「追加するメールボックス」で「迷惑メール」を選択すると表示できます。

195

受信拒否の設定

指定したメールアドレスからのメールを受信拒否できます。

01 メールアドレスを受信拒否

受信したメールの差出人のメールアドレスの右に表示された ▼ をクリックして、「連絡先を受信拒否」を選択します。

1. クリックします
2. 選択します

02 受信拒否アドレスに設定される

受信拒否アドレスに設定されたメールは、リストの差出人の右に🚫が表示されます。また、メール画面には受信拒否した差出人からのメールであると表示されます。

3. 表示されます
4. 表示されます
5. クリックすると「設定」ダイアログボックスが表示されます

▶ 設定

「設定」ダイアログボックスの「迷惑メール」パネルの「受信拒否」では、受信拒否フィルタの設定や、拒否したメールアドレスを管理できます。

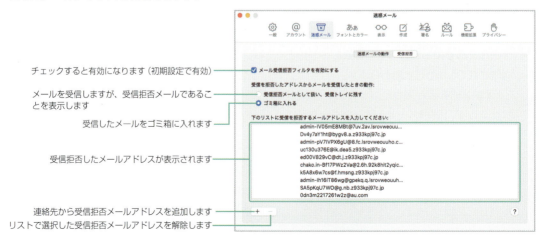

- チェックすると有効になります（初期設定で有効）
- メールを受信しますが、受信拒否メールであることを表示します
- 受信したメールをゴミ箱に入れます
- 受信拒否したメールアドレスが表示されます
- 連絡先から受信拒否メールアドレスを追加します
- リストで選択した受信拒否メールアドレスを解除します

Section 9-4 メールを作成して送信する

▶ Section 9-4　　メール／新規メッセージウインドウ／「送信済み」メールボックス／Mail Drop／返信／全員に返信／転送

メールを作成して送信する

「メール」を使って、メッセージを送信してみましょう。新規メールの送信や受信メールに対する返信／転送だけでなく、ファイルの添付や同報メール（Cc/Bcc）も使いこなしてみましょう。

新規メッセージを作成して送信する

01 ✉ をクリック

メッセージビューアの✉ をクリックすると、新規メッセージウインドウが表示されます。

02 送信先を指定

「宛先」フィールドに送信先のメールアドレスを入力します。
複数のメールアドレスを「,」（カンマ）で区切って入力することもできます。
また、フィールド右端の⊕をクリックすると、連絡先から送信相手のメールアドレスを指定できます。

03 タイトルと本文を入力

「件名」フィールドにメールのタイトルを入力し、その下にメールの内容を入力します。

04 ▷ をクリック

▷ をクリックすると、メールが送信されます。
送信したメールは、「送信済み」メールボックスに保存されます。

Chapter 9 電子メールを活用する（メール）

▶ 送信時刻を指定して送信

🖅の横の⌄をクリックすると、メールの送信時刻を指定できます。
送信予約したメールは「あとで送信」メールボックスに保存されます。

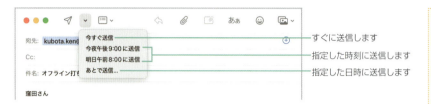

> ▶ POINT
> あとで送信を指定した場合、スリープ状態でも送信されます。ただしMacからログアウトすると送信されません。

ファイルを添付する

メールに画像や書類などのファイルなどを添付して送信することもできます。
添付したいファイルを本文部分にドラッグ＆ドロップするか、📎をクリックして添付したいファイルを指定します。
🖼⌄をクリックして表示される写真ブラウザを使用すると、「写真」や「Photo Booth」から添付する写真を選ぶ際に便利です。

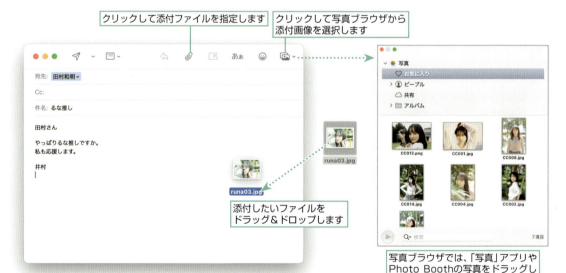

⏻ Column

ファイルを添付するときのポイント

- 添付ファイルを相手が開けるかどうか、事前に確認するようにしましょう。特定のアプリケーション以外では開けないファイル（ファイル形式）は避けるようにしましょう。
- 添付ファイルのファイル名は、できるだけ英数字を使いましょう。和文は、相手の環境によって文字化けが発生する場合があります。
- 相手の受信環境（通信方法や画面の大きさ）を考えて、極端に大きなファイルを添付しないようにしましょう。

送信の取り消し

メールを送信した直後であれば、送信を取り消すことができます。
サイドバーの最下部に「送信を取り消す」と表示されるのでクリックしてください。

クリックすると送信を取り消せます

POINT

送信取り消しできる時間は、「メール」メニューから「設定」を選択し、ダイアログボックスの「作成」パネルの「送信を取り消すまでの時間」で設定できます。
最大30秒まで設定できます。

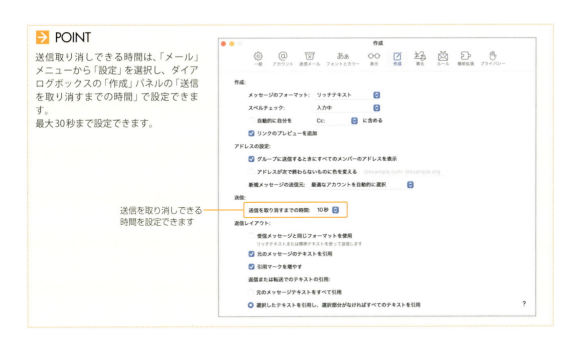

送信を取り消しできる時間を設定できます

絵文字を挿入する

絵文字を挿入する箇所にカーソルを移動して、😊をクリックします。

絵文字の選択ポップアップウインドウが表示されるので、入力する絵文字をダブルクリックします。

Column

「Cc」「Bcc」「返信先」とは？

Cc： 宛先以外の人にメールを同報する際に、メールアドレスを入力します。一般的には「宛先」フィールドには直接の連絡先を指定して、「Cc」フィールドには一応知らせておく連絡先を指定する、というように使われます。

Bcc： Ccと同様に宛先以外の人にメールを同報する際に、メールアドレスを入力します。「Cc」とは異なり、メールを受信した相手から「Bcc」で誰にメールを同報したのかは見えません。

返信先： 送信したメールアドレス以外のメールアドレスに返信して欲しい場合に使用します。「返信先」を指定しておくと、送信したメールに相手が返信しようとすると、送信元のメールアドレスではなく「返信先」で指定したメールアドレスにメールが返信されます。

iCloudを使ってサイズの大きな添付ファイルを送る（Mail Drop）

プロバイダによっては、添付ファイルの最大サイズが決められており、あまり大きな添付ファイルは送信できません。

macOS Sequoiaのメールは、Apple Accountでサインインして iCloud Driveがオンになっていれば、プロバイダの制限に関係なくサイズの大きな添付ファイル（最大5GBまで）も送信できます。添付ファイルはiCloudに保管され、添付ファイルをダウンロードするためのリンクがメール本文に付加されて送信されます。

Section 9-4 メールを作成して送信する

01 添付ファイルのあるメールを送信する

新規メールを作成して、ファイルを添付して送信します。

02 「Mail Dropを使用」をクリック

Mail Dropの使用を確認するポップアップ画面が表示されるので、「Mail Drop を使用」ボタンをクリックします。

> **POINT**
> このあとに「メッセージを送信できない」旨のポップアップが表示された場合、「iCloud」を選択して「選択したサーバで送信」をクリックしてください。

受信したメールに返信する

受信したメールの送信元に返信します。元のメールの内容を引用することもできます。
メールを他のユーザに転送することもできます。

01 返信するメールを選択

メッセージビューアで返信したいメールを選びます。

02 「返信」または「全員に返信」を選択

 （返信）または （全員に返信）をクリックして選択します。

> **POINT**
> 「返信」は送信者にのみ返信され、「全員に返信」は自分以外の宛先に指定されていた全ユーザに返信されます。

03 メールを作成

返信の内容を作成します。
返信先のメールアドレスが自動で入力され、件名に「Re（：元の件名）」が付いた返信用のメールウインドウが表示されます。メール本文には元のメールの内容が引用表示されています。

04 ✈をクリック

本文の内容を確認して、問題がなければ✈をクリックすると、メールが送信されます。
送信したメールは、「送信済み」メールボックスに保存されます。

受信したメールを転送する

受信したメールを他のメールアドレスに転送できます。
メッセージビューアで転送したいメールを選択して、🔀をクリックします。
新しいメールウインドウが表示されるので、送り先を指定し、返信と同様にメールを作成して送信してください。

⏻ Column

リダイレクト

通常の転送ではなく、受信したメールの内容をそのまま転送（リダイレクト）することもできます。通常の転送の場合、転送されたメールを受け取った人から見て、差出人は「転送した人」になりますが、リダイレクトの場合は差出人が「元のメールを送信した人」になります。リダイレクトはメッセージビューアでメールを選択し、「メッセージ」メニューから「リダイレクト」を選択します。

▶ **Section 9-5** 「メール」メニュー ▶「設定」▶「ルール」パネル /「スマートメールボックス」/ VIP / フラグ

メールを整理する/管理する

用途や目的別にメールボックスやスマートメールボックスを作成して分別したり、重要な人からのメールや重要なメールを目立つように設定を変更したりして、管理しやすいメールボックスにしておきましょう。

メールを削除する

メールを削除するには、メッセージビューアで削除したいメールを選択してから delete キーを押すか、削除したいメールを開いてから delete キーを押します。

delete キーを押す代わりに、「削除」ボタン 🗑 をクリックして削除することもできます。

> **POINT**
> 削除したメールはいったん「ゴミ箱」に移動し、そのまま残ります。「ゴミ箱」内のメールを完全に削除するには、「メールボックス」メニューから「削除済み項目を消去」−「(対象アカウント)」を選択します。

削除したいメールを選択してからクリックします

削除したいメールを選択してから delete キーを押します

スマートメールボックスを作成してメールを整理する

受信メールボックスにすべてのメールを保存していると、あとから特定のメールを探すときに時間がかかってしまいます。用途や目的に合わせてスマートメールボックスを作成して、メールを整理しておくと便利です。

01 スマートメールボックスを作成

メッセージビューアの「スマートメールボックス」にマウスカーソルを乗せ、表示された ⊕ をクリックします。

クリックします

> **POINT**
> メールを選択して 🗄 をクリックすると、サイドバーにメールアカウントごとのアーカイブメールボックスが追加され、メールが移動します。

> ⏻ **Column**
> **スマートメールボックス**
> スマートメールボックスは、受信メールボックスに保存されたメールの条件に合致したメールだけを表示するボックスです。メール自体は、受信メールボックスに入ったままとなります。

02 名前と条件を指定

作成するスマートメールボックスの名前と表示するメールの条件を指定してから、「OK」ボタンをクリックします。

03 メールを確認

作成したスマートメールボックスをクリックし、条件に合致したメールが表示されることを確認します。

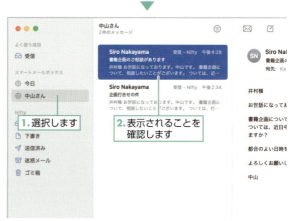

Column

通常のメールボックスを作成する

スマートメールボックスではなく、通常のメールボックスも作成できます。
「メールボックス」メニューから「新規メールボックス」を選択し、「新規メールボックス」ダイアログボックスで、場所と名称を設定してください。
メールボックスは、受信メールボックスからメールをドラッグして移動したり、ルールを使って振り分けたりして利用します。

条件を指定してメールを自動分別する（ルール）

　任意の条件（ルール）を指定して、メールをメールボックスに自動分別できます。取引先のドメインからのメールだけを「仕事」メールボックスに自動分別したり、学校の同窓生のやり取りに使用しているメーリングリストからのメールだけを「学校」メールボックスに自動分別したりするなど、自分の使い方に合わせて活用しましょう。

　メールの受信時に自動分別するだけでなく、作成したルールをあとから手動で適用することもできます。

01 設定を表示

「メール」メニューから「設定」を選択します。

02 「ルール」パネルでルールを追加

「ルール」パネルを表示して、「ルールを追加」ボタンをクリックします。

Section 9-5 メールを整理する／管理する

03 ルールを編集

ルールの内容を決めてから、「OK」ボタンをクリックします。

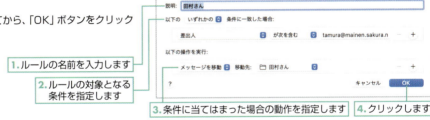

1. ルールの名前を入力します
2. ルールの対象となる条件を指定します
3. 条件に当てはまった場合の動作を指定します
4. クリックします

大切な人からのメールがすぐにわかるようにする（VIP）

大量のメールを毎日受信していると、大切な人からのメールを見過ごしてしまうことがあります。大切な人を「VIP」として登録しておくと、メール受信時に「VIP」スマートメールボックスに振り分けられるので、メールの見落としを防げます。「VIP」に登録するには、差出人欄の左側にある☆をクリックします。

クリックします

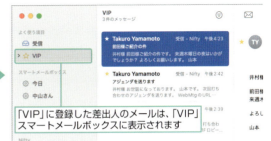

「VIP」に登録した差出人のメールは、「VIP」スマートメールボックスに表示されます

フラグを付けてメールを分類する

メールボックスを作成して分別するだけでなく、用途ごとに7色のフラグを付けてメールを管理できます。例えば「未処理」は赤、「絶対に削除してはいけないメール」は紫など、自分なりに活用してみましょう。

メッセージビューアでフラグを付けたいメールを キーを押しながらクリック（右クリックでも可）してから「フラグを付ける」で好みのフラグを付けるか、フラグを付けたいメールを開いてから ▶ ∨ をクリックして好みのフラグを付けます。

1. フラグを付けたいメールを開きます
2. クリックします
3. フラグを選択します
4. 選択したフラグごとにメールが分類されます

フラグを付けたメールは、メッセージビューア左側の「フラグ付き」メールボックスに表示されます

> **POINT**
> 「VIP」や「フラグ付き」メールボックスは、それぞれのメールを集めて表示しているだけで、実際にメールが保存されているのは、受信メールボックスになります。

205

Chapter 9 電子メールを活用する（メール）

▶ Section 9-6 　「メール」メニュー ▶「設定」▶「署名」パネル

メールに自分の署名を付ける

自分の名前やメールアドレス、連絡先など、メールにいつも記載する定型文を「署名」として登録できます。登録した「署名」は新規メール作成時や返信時に自動で挿入されるので、入力する手間が省けます。

01 設定を表示

「メール」メニューから「設定」を選択します。

ShortCut　設定 ⌘+,

選択します

02 「署名」パネルを表示

「署名」パネルを表示して、署名を入力します。

1. クリックします
2. 署名を入れるアカウントを選択します
3. 署名を追加するときにクリックします
4. ダブルクリックして、署名の名称を変更します
5. 入力します

自動挿入される署名を指定します

署名の挿入位置を選択します

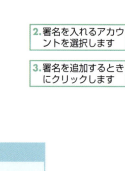

⏻ Column
署名を追加する

+ ボタンをクリックして署名の名前を入力すると、署名を追加できます。

⏻ Column
メールアカウントごとに自動挿入される署名を指定する

メールアカウントを選択してから、「署名を選択」リストで自動挿入する署名を選択します。

⏻ Column
署名の挿入位置を変更する

初期設定時は、署名はメールの最後（返信の場合は引用文の後ろ）に挿入されます。「引用文の上に署名を入れる」にチェックを付けると、返信時は引用文の前に署名が挿入されます。

Chapter

10

アプリ操作の基本

macOS Sequoiaには、さまざまなアプリが付属しています。
ここでは、アプリに共通する基本操作やアプリを追加で入手する方
法について説明します。

Section 10-1　アプリ操作の基本（起動/終了/切り替え/保存）
Section 10-2　アプリを追加する
Section 10-3　アプリを最新の状態にする
Section 10-4　デフォルトアプリの変更
Section 10-5　文書の内容を翻訳する
Section 10-6　画像内のテキスト認識表示
Section 10-7　画像や文書を印刷する

Chapter 10 アプリ操作の基本

▶Section 10-1　「サイドバー」▶「アプリケーション」/ Launchpad / 保存

アプリ操作の基本（起動/終了/切り替え/保存）

アプリの起動や終了、切り替え、ファイルの保存など、macOS Sequoia でアプリを操作するための基本を学びましょう。

アプリを起動する

● Finder の「アプリケーション」フォルダから起動する

　Finderウィンドウのサイドバーの「アプリケーション」をクリックして、起動したいアプリのアイコンをダブルクリックします。

● Dock から起動する

　起動したいアプリのアイコンがDockに配置されている場合は、Dockのアイコンをクリックします。

● 「最近使った項目」から起動する

　最近使ったアプリの場合は、アップルメニューの「最近使った項目」のサブメニューから、起動したいアプリを選択します。

Apple Silicon Mac で Intel 前提のアプリを使う

Apple Silicon Macでは、Intel製チップを前提としたアプリを使うのに「Rosetta」というアプリケーションが必要となります。アプリ起動時に図のようなダイアログボックスが表示されたら、「インストール」ボタンをクリックしてRosettaをインストールしてください。

Section 10-1 アプリ操作の基本（起動／終了／切り替え／保存）

Column

ログイン時に自動的にアプリを起動する

「システム設定」の「一般」を選択し、「ログイン項目と機能拡張」を選択します。「ログイン時に開く」の＋をクリックしてアプリを登録すると、登録したアプリがログイン時に起動します。

クリックしてアプリを登録します

●アプリ一覧からすぐに起動する（Launchpad）

Launchpadを使用すると、「アプリケーション」フォルダに保存されているアプリを一覧表示して、アプリを起動できます。

2.クリックします

> **POINT**
> アプリの表示が1画面に収まりきらない場合は、⌘＋←キー、または⌘＋→キーで画面を移動できます。

1.クリックします

●アイコンをダブルクリックして起動する

ファイルのアイコンをダブルクリックすると、そのファイルを作成したアプリが起動して、ファイルを開けます。

ダブルクリックで作成したアプリが起動します

11月予算.numbers

> **POINT**
> JPGやPNGなどの画像ファイルは、デフォルト設定されている画像アプリが起動します。デフォルトアプリの変更は、218ページを参照ください。

アプリを終了する

起動しているアプリの「アプリ」メニューから「[アプリ名] を終了」を選択します。

アプリの終了　⌘＋Q

クリックします

Column

保存していない状態の書類がある場合は

Pages、Numbers、テキストエディットなど書類を作成するアプリでは、書類が未保存の状態で終了すると、ファイルを保存するかどうか確認するダイアログボックスが表示されます。
保存する場合は、名前を付けて「保存」ボタンをクリックして書類を保存してください（次ページを参照）。

クリックします

ただし、「システム設定」の「デスクトップとDock」を選択し、「ウインドウ」で「アプリケーションを終了するときにウインドウを閉じる」をオフにした場合は、確認のダイアログボックスは表示されません（初期設定はオン）。
終了時に開いていた書類のウインドウは、次回のアプリ起動時に、「―編集済み」の状態で再表示されます。

オフにした場合、確認のダイアログボックスは表示されません

Column

アプリが反応しない／正常に終了できない場合は（強制終了）

パソコンに重い負荷がかかるような作業などをしている場合に、アプリが反応しなくなることがあります。
アプリが操作不能になった場合は、アップルメニューから「強制終了」を選択します。

「アプリケーションの強制終了」ダイアログボックスで強制終了させるアプリを選択して、「強制終了」ボタンをクリックします。確認ダイアログ表示されたら、「強制終了」ボタンをクリックします。

強制終了時に保存していないファイルの内容は復帰できないので、作業の切りのよいタイミングで保存する習慣をつけるようにしましょう。

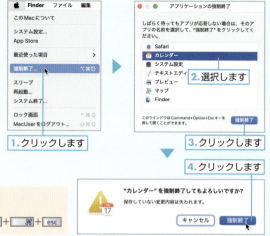

1. クリックします
2. 選択します
3. クリックします
4. クリックします

強制終了 option + ⌘ + esc

書類を保存する

　作成・編集した書類は、わかりやすいファイル名を付けてフォルダに保存する習慣をつけましょう。時間をかけて大切な書類を作成している間に、システムやアプリのエラー、電源のトラブルでデータが消えてしまうことが、ごくまれにあります。作業の切りのよいタイミングで保存する習慣をつけるようにしましょう。

01 「保存」を選択

「ファイル」メニューから「保存」を選択します。ここでは、テキストエディットを例に説明しています。

02 ファイル名を入力

保存ダイアログボックスが表示されます。
ファイルの名前を入力します。
あとからファイルの内容を思い出せるように、できるだけわかりやすいファイル名を付けるようにしましょう。

03 保存場所を選択

ファイルの保存場所を選択します。

> **POINT**
> 保存ダイアログボックスに表示される設定項目は、使用しているアプリケーションによって異なります。

04 「保存」をクリック

「保存」ボタンをクリックします。
保存先に指定したフォルダを開いてみると、さきほど保存したファイルがあるのがわかります。

Column ファイル名が付いている場合は

すでにファイル名を付けて保存してあるファイルに変更を加えた場合は、「ファイル」メニューから「保存」を選択すると、同じファイルに上書き保存されます。

Column

別のファイル名を付けて保存する場合は

Macの標準アプリでは、すでにファイル名を付けて保存してあるファイルとは別の名前を付けて保存したい場合は、「ファイル」メニューを option キーを押しながら表示して「別名で保存」を選択し、保存場所とファイル名を選択してから「保存」ボタンをクリックします。

POINT
他のアプリでは、「ファイル」メニューに「別名で保存」がある場合もあります。

ShortCut
別名で保存
option + shift + ⌘ + S

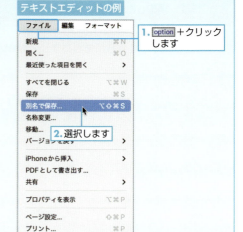
テキストエディットの例
1. option +クリックします
2. 選択します

「ファイル」メニューに「複製」があるアプリの場合は、複製されたファイルが表示されます。
タイトルバーのファイル名が「[オリジナルファイル] のコピー」という名前で表示され、新しいファイル名を直接入力できます。

1. 選択します
2. 新しいファイル名を直接入力できます

ShortCut
複製
shift + ⌘ + S

タイトルバーのファイル名をクリックするとファイル情報が表示されるアプリの場合は、アプリでファイルを開いたままの状態でファイル名を変更できます。

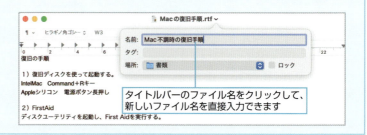
タイトルバーのファイル名をクリックして、新しいファイル名を直接入力できます

Column

ファイルを閉じた場合の動作

書類保存にファイルの内容を変更した状態で「ファイル」メニューから「閉じる」を選択するか、ウインドウの「閉じる」ボタンをクリックすると、初期設定では確認なしで変更内容を保存してウインドウを閉じます。

変更内容を保存して閉じるかどうかを確認するダイアログボックスを表示するには、「システム設定」の「デスクトップとDock」を選択し、「ウインドウ」で「書類を閉じるときに変更内容を保持するかどうかを確認」をオンにしておきます。

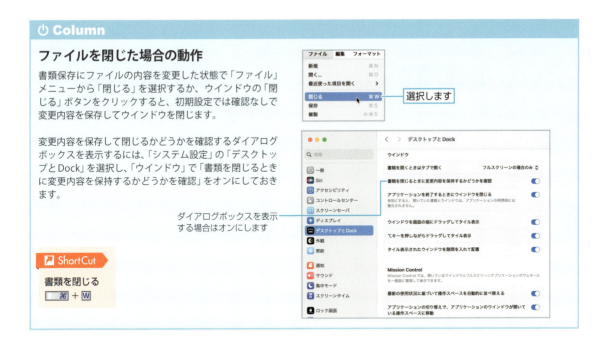

ShortCut
書類を閉じる
⌘ + W

次回起動時に作業環境を再現する

　Macを再起動する際、macOSはシステムを一時停止させて状態を記憶しているので、起動時に終了前の状態を再現できます。起動していたすべてのアプリケーションとウインドウが前とまったく同じ場所に表示されるので、「ソフトウェアアップデート」（284ページ参照）などで再起動した際にも、すぐに元の作業に戻ることができます。

　「システム終了」ダイアログボックス（13ページ参照）や「ログアウト」ダイアログボックス（14ページ参照）で「再ログイン時にウインドウを再度開く」にチェックを付けておくと、次回のMac起動時／ログイン時に、前回使用したときの状態で表示されます。

「システム終了」ダイアログボックス

チェックします

「ログアウト」ダイアログボックス

チェックします

Chapter 10 アプリ操作の基本

▶ **Section 10-2** Dock ▶「App Store」

アプリを追加する

Macにアプリを追加するには、App Storeでアプリを追加する方法とインターネットで配布されているアプリをダウンロードする方法があります。

App Storeからアプリをインストールする

　App Storeからアプリをインストールできます。App Storeでは、有償・無償のたくさんのアプリがダウンロードして利用できます。App Storeからインストールしたアプリは、バージョンアップの案内もApp Store経由で自動通知されます。ここでは、「PDFgear」（無料）を購入する例で説明します。

01 Dockの「App Store」をクリック

Dockの「App Store」をクリックします。

02 アプリを検索

アプリを探します。ここでは例として、検索フィールドに「PDF」と入力して、PDF編集アプリを探します。

人気のあるアプリや評価の高いアプリを探せます
目的に応じたアプリを探せます
アプリのカテゴリごとに目的のアプリを探せます
アプリをアップデートします

03 アプリの詳細を選択

一覧から目的のアプリをクリックして選択します。詳細情報画面でアプリの内容を確認します。購入するには、金額（または入手）表示をクリックします。

Column

Apple Silicon Macで iPhone/iPadアプリを使う

Apple Silicon Macでは、「App Store」の検索結果の下に「Macアプリ」と「iPhoneおよびiPadアプリ」が表示されます。「iPhoneおよびiPadアプリ」を選択すると、iPhone/iPadアプリをダウンロードできます。

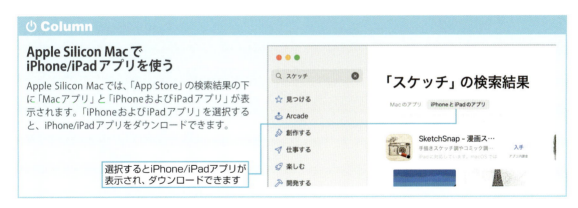

選択するとiPhone/iPadアプリが表示され、ダウンロードできます

Column

これまでに購入したアプリを確認する

App Storeにサインインした状態でサイドバーのサイン名をクリックすると、これまでに購入したアプリを確認できます。

1. クリックします
2. App Storeでこれまでに購入したアプリが表示されます

インターネットで配布されているアプリを使用する

　インターネットでは、有償・無償のさまざまなアプリが配布されています。また、購入前に試用できる試用版もあります。
　App Store以外でインターネット上で配布されているアプリを使用するには、Safariを使用してダウンロードしてからインストールする必要があります。

POINT

インターネットで配布されているアプリには、ウイルスが含まれていたり、不正な動作をするものもあります。アプリと配布元が信頼できるかどうか、インストール前に情報を集めるようにしましょう。

Column

Webアプリとは

Webアプリとは、SafariなどのWebブラウザ上で動作するアプリのことをいいます。URLが分かれば、Webブラウザがあれば利用できます。インストール作業が不要なことや、バージョンアップも容易なことから、Webアプリが増えてきています。

Column

ダウンロードしたアプリの実行

ダウンロードしたアプリは、最初の実行時に確認のダイアログボックスが表示される場合があります。
「システム設定」の「プライバシーとセキュリティ」を選択し、「セキュリティ」の「アプリケーションの実行許可」が「App Storeと既知のデベロッパ」になっていて、アプリの出元が安全であると判断できる場合は、「開く」ボタンをクリックしてください。

また、「アプリケーションの実行許可」が「App Store」になっている場合、App Store以外から入手したアプリを実行すると、開けないとの警告ダイアログボックスが表示されるので、「OK」ボタンをクリックします。

「システム設定」の「プライバシーとセキュリティ」に使用がブロックされたとのメッセージが表示されるので、使用するには「このまま開く」をクリックします。再度、アプリケーションを起動すると確認のダイアログボックスが表示されるので、アプリの出元が安全であると判断できる場合は、「開く」ボタンをクリックしてください。

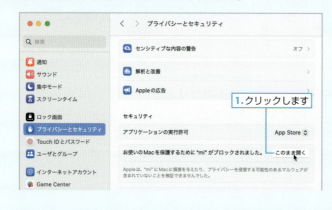 

Section 10-3 アプリを最新の状態にする

▶ Section 10-3　Dock ▶「App Store」▶「アップデート」

アプリを最新の状態にする

Macのシステムやアプリなどの更新があると、アップデートが通知されます。最新の環境にアップデートすると、アプリの新しい機能を使えるようになります。また、システムをアップデートすると安定したシステムに更新されます。

アップデートの通知

ソフトウェアのアップデートがあると、Dockの「App Store」アプリにアップデート可能なアプリの数が表示されます。

アップデートの通知

> **POINT**
>
> 「システム設定」の「通知」で「App Store」の通知を許可がオンになっている必要があります。オフの場合は、アップルメニューの「App Store」にアップデート可能な数が表示されます。

アップデートを実行する

アップデートはApp Storeの「アップデート」で行います。Dockから「App Store」（214ページ参照）を起動して「アップデート」を表示します。

アップデートできる件数と内容が表示されるので、必要な項目をアップデートしてください。通常は、「すべてをアップデート」をクリックしてかまいません。

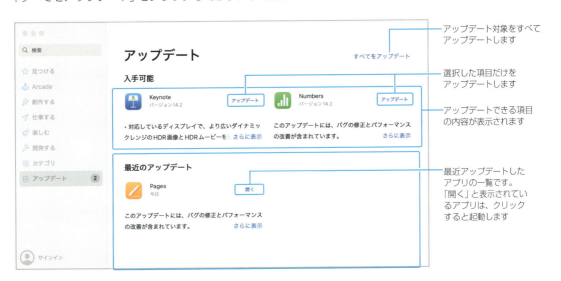

217

Chapter 10 アプリ操作の基本

▶ **Section 10-4** 「ファイル」▶「情報を見る」▶「このアプリケーションで開く」/「システム設定」▶「デスクトップとDock」

デフォルトアプリの変更

アイコンをダブルクリックして起動するアプリは、通常は作成したアプリとなります。汎用的な画像ファイルなどで、ファイルを開くデフォルトのアプリを変更できます。

起動するアプリを変更する

起動するアプリを変更したいファイルのアイコンを選択し、「ファイル」メニューの「情報を見る」を選択し、情報ウインドウを表示して変更します。

> **POINT**
> デフォルト以外のアプリは、必要に応じてインストールしてください。

218

デフォルトのWebブラウザの変更

デフォルトのWebブラウザをSafari以外に設定したい場合は、「システム設定」の「デスクトップとDock」で設定します。

デフォルトのメールアプリの変更

デフォルトのメールアプリを変更できます。「メール」を起動し、「メール」メニューから「設定」を選択します。「一般」の「デフォルトメールソフト」で、デフォルトのメールアプリを選択してください。

> **POINT**
> デフォルトのメールアプリを変更すると、「連絡先」などから起動するメールアプリが設定したアプリとなります。

Chapter 10 アプリ操作の基本

▶ Section 10-5 「システム設定」▶「一般」▶「言語と地域」▶「翻訳言語」

文書の内容を翻訳する

「プレビュー」や「メール」アプリ、Pages、Numbersなどの翻訳対応アプリでは、選択した部分を翻訳できます。日本語への翻訳以外に、日本語から他の言語への翻訳も可能です。

日本語に翻訳する

01 翻訳する部分を選択する

翻訳する部分を選択します。control＋クリック（右クリックでも可）して、「"XXXX"を翻訳」を選択します。

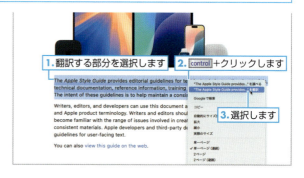

02 翻訳表示される

選択部分が黄色で表示され、翻訳文がポップアップ表示されます。「翻訳とプライバシーについて」のポップアップが表示された場合は、「続ける」をクリックしてください。
ポップアップの左下にある「翻訳をコピー」をクリックすると、翻訳文がコピーされます。
他の言語に翻訳された場合は翻訳言語を「日本語」に設定してください。

日本語を他の言語に翻訳する

入力した日本語を、他の言語に翻訳することもできます。英文でメールを送信しなければならないときなどに便利です。

01 翻訳する部分を選択する

翻訳する部分を選択します。control＋クリック（右クリックでも可）して、「"XXXX"を翻訳」を選択します。

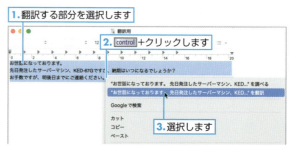

220

02 翻訳表示される

選択部分が黄色で表示され、翻訳文がポップアップ表示されます。

クリックすると、日本語が翻訳で置換されます

クリックすると、翻訳がコピーされます

翻訳されます

03 言語を変える

青文字の言語をクリックすると、翻訳言語を変更できます。

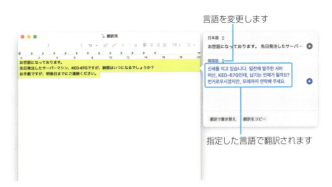

言語を変更します

指定した言語で翻訳されます

⏻ Column

翻訳はオンラインで処理される

翻訳は、インターネットに接続されている状況ではオンラインで処理されます。インターネットに接続しないオフラインで翻訳を利用する場合は、翻訳言語データをダウンロードしておく必要があります。
「システム設定」の「一般」を選択して「言語と地域」を選択し、画面の下部にある「翻訳言語」をクリックします。言語の選択画面が表示されるので、翻訳に使用する言語の「ダウンロード」をクリックしてダウンロードしてください。

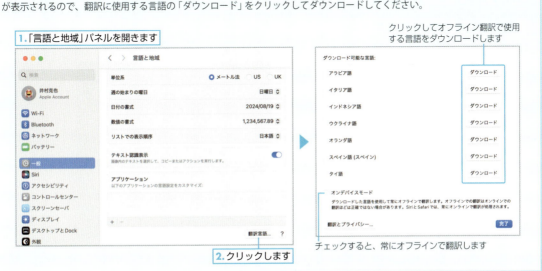

1. 「言語と地域」パネルを開きます

2. クリックします

クリックしてオフライン翻訳で使用する言語をダウンロードします

チェックすると、常にオフラインで翻訳します

▶Section 10-6 「システム設定」▶「一般」▶「言語と地域」▶「テキスト認識表示」

画像内のテキスト認識表示

画像データに写っている文字部分をテキストデータ（文字データ）として認識し、コピーや翻訳が可能です。英語などのマニュアルを撮影して、日本語に翻訳する場合などに便利です。

テキスト認識をオンにする

「システム設定」の「一般」を選択し、「言語と地域」の「テキスト認識表示」をオンにします。これで準備OKです。

オンにします

画像でのテキスト認識

01 画像内の文字部分を選択する

画像ファイルを「プレビュー」アプリで開きます。文字部分にカーソルを移動すると、テキストエディットの文字と同様に文字を選択できます。

1. 画像ファイルを開きます

2. ドラッグして文字として選択できます

02 コピーしたり翻訳したりする

文字部分を選択した状態で control +クリック（右クリックでも可）するとメニューが表示されます。「コピー」を選択すると、文字データとしてコピーされ、他のアプリにペーストできます。
「XXXXを翻訳」を選択すると、日本語に翻訳できます。

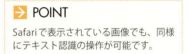

POINT
Safariで表示されている画像でも、同様にテキスト認識の操作が可能です。

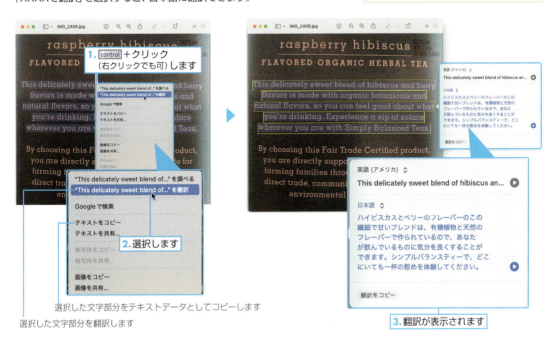

クイックルックで認識

Finderウインドウでファイルを選択して space キーを押し、ファイルの内容を表示するクイックルックでも、画像内からテキストを認識してコピーや翻訳が可能です。

Chapter 10 アプリ操作の基本

▶ Section 10-7　「ファイル」メニュー▶「ページ設定」/「ファイル」メニュー▶「プリント」

画像や文書を印刷する

プリンタを接続できたら、プリンタの設定や用紙の選択などを設定してプリントします。同じ手順でPDFにも保存できます。プリントやPDFの作成方法は、どのアプリでも基本的には同じなので、覚えておきましょう。

ページ設定

プリントする用紙サイズや印刷方向、印刷範囲などの設定をします。ここでは、「Pages」で説明します。プリントする文書ファイルを開いて、「ファイル」メニューから「ページ設定」を選択します。

01 「ページ設定」を選択

「ファイル」メニューから「ページ設定」を選択します。

02 使用するプリンタと用紙サイズ・方向などを設定する

ポップアップ画面が表示されるので、「対象プリンタ」で使用するプリンタ、「用紙サイズ」で用紙サイズ、「方向」で用紙の方向、「拡大縮小」で拡大／縮小の倍率を設定します。
設定したら、「OK」ボタンをクリックします。

ShortCut
ページ設定（Pages）
shift ＋ ⌘ ＋ P

> **POINT**
> プリンタの設定は、150ページを参照ください。

> **POINT**
> 印刷の範囲や用紙サイズを設定するコマンドは、アプリによって異なります。例えば「プレビュー」（229ページ参照）などは、「プリント」ダイアログボックスで設定します。

1. 選択します

用紙サイズを選択します
用紙の方向を選択します
使用するプリンタを選択します
拡大縮小するときは、倍率を設定します
2. クリックします

224

プリントする

プリンタや用紙の設定が完了したら、ファイルをプリントしてみましょう。
ここでは、「プレビュー」で開いたデジタルカメラの写真をプリントします。

01 「プリント」を選択

「ファイル」メニューから「プリント」を選択します。

選択します

02 プリンタや部数を設定

ポップアップウインドウが表示されるので、印刷に使用するプリンタや印刷部数を設定します。
必要に応じて、プリンタごとの詳細設定を行い、「プリント」をクリックするとプリントされます。

- プリントに使用するプリンタを選択します
- プリセットを選択します
- ページが複数にわたる場合、特定のページだけ印刷するときは「開始」と「終了」ページを指定します
- 用紙サイズを選択します
- アプリの設定以外に、プリンタ固有の設定項目を表示して設定できます（プリンタによって表示項目が異なります）
- クリックしてプリントを実行します

03 プリントされる

Dockにプリンタのアイコンが表示されるので、クリックしてジョブウインドウを表示すると、現在のプリント状況が表示されます。

Chapter 10 アプリ操作の基本

⏻ Column

PDFで書き出す

プリントのポップアップウインドウの左にある「PDF」ボタンをクリックすると、プリント対象をそのままPDFファイルで保存したり、PDFにしてメールやメッセージで送信できます。
SafariでWebページもPDFにできるので、重要なページをファイルで保存できます。

「PDF」ボタンをクリックすると、プリント対象をPDFで保存したり、メールに添付して送信できます

⏻ Column

ファミリー

「ファミリー」を使うと、iCloudで共有するコンテンツやiTunes Store/App Store/iBook Storeで購入したコンテンツを家族で共有できます。クレジットカード登録してあるiCloudアカウントを管理者として設定し、決済情報を登録していない家族のiCloudアカウントを登録すると、管理者以外の家族も管理者のクレジットカード決済を使って、コンテンツを購入できます。
また、家族全員が書き込みできるFamilyカレンダーを利用できたり、家族のMacやiPhone/iPadを探すこともできます。
ファミリーは、「システム設定」の「Apple Account」を選択して「ファミリー」をクリックすると設定できます。画面に従って設定してください。

クリックして、画面に従って設定を続けます

226

Chapter

11

標準アプリの活用

macOS Sequoiaには、標準でさまざまなアプリが付属しています。ここでは、よく使うアプリの基本的な機能と操作について説明します。

Section 11-1　書類を作成する（テキストエディット）

Section 11-2　画像やPDFファイルを見る（プレビュー）

Section 11-3　写真を管理する（写真）

Section 11-4　アドレス帳を作成する（連絡先）

Section 11-5　予定を管理する（カレンダー）

Section 11-6　やるべきことを管理する（リマインダー）

Section 11-7　メモ書きする（メモ）

Section 11-8　チャットする（メッセージ）

Section 11-9　地図を見る（マップ）

Chapter 11 標準アプリの活用

▶ Section 11-1　　Dock ▶「テキストエディット」/ Launchpad ▶「テキストエディット」

書類を作成する（テキストエディット）

「テキストエディット」を使用して、かんたんな文書を作成できます。文字サイズや書体を変えたり、色を付けたりしてメリハリのついた文書を作成してみましょう。画像や表を挿入することもできます。

書類を作成する

　Finderウインドウの「アプリケーション」を開いて「テキストエディット」をダブルクリックして起動します。Launchpadの「その他」からも起動できます。
　新規書類ウインドウが表示されたら、文章を入力できます。
　忘れずに、「ファイル」メニューから「保存」を選択し、ファイル名とファイルの保存場所を選択して保存してください。

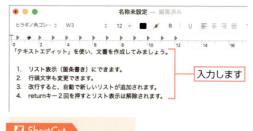

文字の装飾

文字を選択状態にしてから、ツールバーでフォントや文字サイズ、文字色などを設定できます。

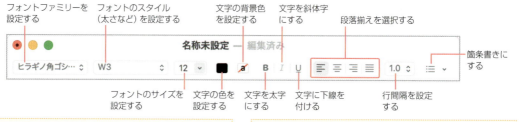

> **POINT**
> 「表示」メニューの「タブバーを表示」を選択すると、複数の書類をタブで切り替えて表示できます。

> **POINT**
> Apple Accountでサインインし、iCloud Driveがオンになっていると、iCloudを保存場所として選択できます。

⏻ Column 「テキストエディット」のファイル形式

標準ではリッチテキストフォーマット（.rtf）で保存されます。文字修飾を何も付けない標準テキスト形式（.txt）で保存したい場合は、「フォーマット」メニューから「標準テキストにする」を選択します。

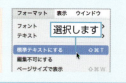

Section 11-2 画像やPDFファイルを見る（プレビュー）

▶ Section 11-2　Dock ▶「プレビュー」/ Launchpad ▶「プレビュー」

画像やPDFファイルを見る（プレビュー）

「プレビュー」を使用して、デジタルカメラで撮影した画像やPDFファイルなどを表示できます。画像サイズを変更したり、PDFファイルに注釈を付けることもできます。

画像またはPDFファイルを開く

開きたい画像またはPDFファイルを選択してダブルクリックすると「プレビュー」が起動して、ファイルの内容が表示されます。

- 表示している画像やPDFファイルを縮小表示または拡大表示します
- 画像を共有します
- PDFファイルのテキストにハイライト（マーカー）やアンダーライン、取り消し線を付けることができます
- マークアップツールバーの表示／非表示を切り替えます。マークアップツールバーでは「ツール」メニューの「注釈」にあるサブメニューの機能を使用して、画像やPDFファイルに注釈やメモを付けることができます
- マークアップツールバー
- 表示内容を切り替えます
- 表示している画像やPDFファイルを反時計回りに90°回転します

> **POINT**
> 「プレビュー」で付けた注釈やメモは、Acrobat Readerでも正しく表示できます。

画像の大きさを調整する

「ツール」メニューから「サイズを調整」を選択して、ダイアログボックスで指定します。

> **POINT**
> PDFファイルはサイズを変更することができません。

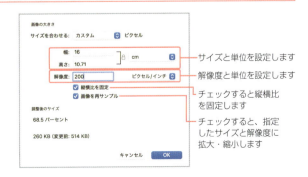

- サイズと単位を設定します
- 解像度と単位を設定します
- チェックすると縦横比を固定します
- チェックすると、指定したサイズと解像度に拡大・縮小します

229

Chapter 11 標準アプリの活用

▶ Section 11-3　　Dock ▶「写真」/ Launchpad ▶「写真」

写真を管理する（写真）

macOS Sequoiaの「写真」には、iPhoneやデジタルカメラの写真を読み込んで表示するだけでなく、蓄積した写真を楽しむための、さまざまな機能が用意されています。

「写真」を起動する

Dockにある「写真」をクリックすると起動します。

クリックします

「写真」のインターフェイス

読み込んだ写真は、サイドバーの「写真」の「ライブラリ」を選択するとすべて表示できます。
ライブラリでは、画面上部の「年別」「月別」「すべての写真」から表示方法を選択できます。
写真をダブルクリックすると、その写真だけを表示できます。

サムネイルが隙間なく表示されます
撮影日順にすべての写真が表示されます
お気に入りや人ごとの写真など、カテゴライズされた写真で表示する際に選択します
サムネイルのサイズを変更できます
表示方法を選択します
情報ウインドウを表示します

▶ POINT

右上の「フィルタ」をクリックすると、写真を絞り込んで表示できます。

1. クリックします
2. 絞り込んで表示する項目を選択します

⏻ Column

お気に入りの設定

写真を選択してサムネイルの♡をクリックするか、．(ピリオド) キーを押すと、お気に入りに設定できます。

写真を読み込む

「写真」に写真を読み込みます。iPhoneやiPadからでも読み込めます。

01 デジタルカメラやカードリーダーを接続

デジタルカメラをMacに接続してから、デジタルカメラの電源を入れます。または、カードリーダーをUSBケーブルで接続します。
接続許可のポップアップが表示されたら、「許可」をクリックしてください。

接続したカメラやメモリカードが表示されます
チェックすると、接続時に自動で「写真」アプリが起動します

02 「すべての新しい項目を読み込む」をクリック

「すべての新しい項目を読み込む」ボタンをクリックします。カメラ内のすべての写真が読み込まれます。「項目を削除」をチェックすると、読み込んだあとにデジタルカメラから写真が削除されます。

チェックすると、読み込んだ後にデジタルカメラから写真が削除されます
クリックします

Column
Mac内の写真や動画を読み込む

「ファイル」メニューから「読み込む」を選択して読み込みます。または、写真や動画を「写真」アプリのウインドウにドラッグ＆ドロップしてもかまいません。

POINT
写真だけでなく、ムービーも読み込んで写真と同様に管理できます。

Column
特定の写真だけを読み込む

読み込みたい写真だけをクリックして選択状態にしてから「選択項目を読み込む」ボタンをクリックすると、選択した写真だけを読み込めます。

1. 読み込みたい写真だけを選択します
2. クリックします

他のMacやiPhone/iPadと同期する

同じApple AccuntでiCloudにサインインしている他のMacやiPhone/iPadと写真を同期するには、「写真」アプリの「設定」にある「iCloud」パネル、または「システム設定」の「iCloud」ウインドウにある「写真」のオプションで設定します。

オンにすると、iCloudに写真データをアップロードします。

オリジナルの画像をMacに保存します

オリジナルの画像はiCloudに保存され、Macにはサイズの小さい画像が保存されます

iCloud写真は、iCloudストレージやiCloud.comの写真で閲覧できるなど、使い勝手がよいのですが、ストレージの容量が増えると課金されます（5GBまでは無料ですが、他のアプリやファイルと合わせた容量となります）。

Column

「iCloud共有写真ライブラリ」を使う

「iCloud写真」を利用していると、「iCloud共有写真ライブラリ」が利用できます。
「iCloud共有写真ライブラリ」は、自分以外に他の5人のユーザと写真やビデオを共有できる機能です。共有ライブラリの作成者のiCloudストレージが使われます。他の共有者は、共有ライブラリのコンテンツに自由にアクセスできますが、自分のiCloudストレージを使うことはありません。
「iCloud共有写真ライブラリ」を使うには、「写真」アプリの「設定」にある「共有ライブラリ」パネルで「開始」をクリックします。画面に従って、ライブラリを共有するユーザや、ライブラリに保存する写真や動画を設定してください。

iCloud共有写真ライブラリを使うにはクリックします

Section 11-4 アドレス帳を作成する（連絡先）

▶ Section 11-4　　Dock ▶「連絡先」/ Launchpad ▶「連絡先」

アドレス帳を作成する（連絡先）

「連絡先」を使用すると、メールアドレスを含む住所録を作成・管理できます。登録した情報は「メール」や「メッセージ」、FaceTimeなど他のアプリからも活用することができます。

新しい連絡先を登録する

　Dockの「連絡先」をクリックして起動し、ウインドウの下にある + ボタンをクリックして、「新規連絡先」を選択します。新規連絡先が追加されるので、各項目に情報を入力します。

　全部の項目を入力する必要はありません。わかる項目、利用する項目（例：メールアドレス、電話番号のみ）だけの入力でも登録できます。

　入力が終わったら、「完了」ボタンをクリックします。

クリックします

▶ POINT
画面は、「表示」メニューの「リストを表示」でグループを表示しています。

1. クリックします
2. 選択します

3. 情報を入力します
4. クリックします

Column

連絡先の編集と削除

編集したい連絡先を表示してから「編集」ボタンをクリックして、連絡先を編集します。
削除は、連絡先を control キーを押しながらクリック（右クリックでも可）して、「カードを削除」を選択します。

▶ POINT
「メモ」欄はいつでも編集できます。

連絡先の削除

1. control +クリックします
2. 選択します

探したい人名や語句を入力して検索できます
内容を編集するにはクリックします

233

Chapter 11 標準アプリの活用

▶ Section 11-5　Dock ▶「カレンダー」/ Launchpad ▶「カレンダー」

予定を管理する（カレンダー）

「カレンダー」を使用して、予定やスケジュールを作成・管理できます。スケジュールをインターネットで公開したり、他のアカウントのカレンダーと同期することもできます。

「カレンダー」を起動する

カレンダーは、Dockの「カレンダー」をクリックすると起動します。

クリックします

カレンダーの表示単位を切り替えます

> **POINT**
> Dockの「カレンダー」のアイコンには、「システム設定」の「一般」の「日付と時刻」（147ページ参照）で指定されている今日の日付が表示されます。

イベントを追加する

▶「日」または「週」表示の場合

追加したいイベントの時間帯をドラッグで選択してから、イベント名やその他の情報を入力します。

「日」表示の場合

当月のカレンダーが表示され、当日が丸囲み表示されます

1. ドラッグします
2. イベントの情報を入力します

クリックして「FaceTime」を選択すると、FaceTimeを使ったビデオ通話を利用できます

「週」表示の場合

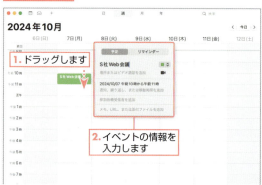

1. ドラッグします
2. イベントの情報を入力します

234

Section 11-5 予定を管理する（カレンダー）

▶「月」表示の場合

追加したいイベントのある日付をダブルクリックしてから、イベント名や時間帯、その他の情報を入力します。

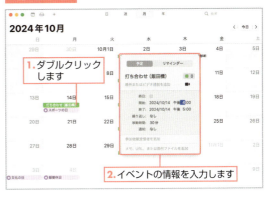

「月」表示の場合

1. ダブルクリックします
2. イベントの情報を入力します

ShortCut

カレンダーを「日」で表示する
⌘ + 1

カレンダーを「週」で表示する
⌘ + 2

カレンダーを「月」で表示する
⌘ + 3

カレンダーを「年」で表示する
⌘ + 4

POINT

初期設定では「カレンダー」というカレンダーが用意されています。「ファイル」メニューの「新規カレンダー」で新しいカレンダーを追加することもできます。

Column

メールから「カレンダー」にイベントを追加する

メールに記載されている日付を自動認識して、カレンダーのイベントとして追加することもできます。
日時部分にカーソルを移動してクリックします。
または、メールの上部にSiriが認識したイベントが表示されるので、「追加」をクリックします。

ポップアップが表示されるので、適切なイベント名に変更したら、「"カレンダー"に追加」ボタンをクリックします。
「カレンダー」を開いてイベントが追加されていることを確認し、必要な情報を追加登録します。

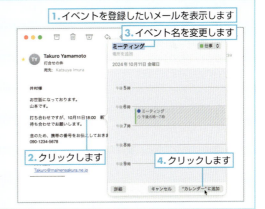

1. イベントを登録したいメールを表示します
2. クリックします
3. イベント名を変更します
4. クリックします

イベントを削除する

削除したいイベントをクリックしてから、 delete キーを押します。

Column

クラウドサービスのカレンダーを表示する

GoogleやFacebookのカレンダーを表示できます。
「システム設定」の「インターネットアカウント」でクラウドサービスのアカウントを追加し、「カレンダー」をオンにします。

1. クラウドサービスのアカウントを追加します
2. オンにします

235

Chapter 11 標準アプリの活用

▶ Section 11-6　　Dock ▶「リマインダー」/ Launchpad ▶「リマインダー」

やるべきことを管理する（リマインダー）

「リマインダー」を使用して、やるべきことをToDoリストのように管理できます。繰り返しのタスクを登録したり、指定した日時に通知で知らせるように設定することもできます。

01 「リマインダー」を起動

リマインダーは、Dockの「リマインダー」をクリックすると起動します。

02 用件を登録

リマインダーを登録するリストを選択し、右上の＋をクリックします。入力欄が表示されるので要件を登録します。必要に応じて、日付や場所タグなどを追加してください。

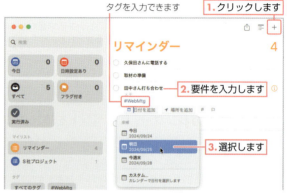

〆切の日付や目的の場所に近づいたら通知する場合は、チェックを付けて指定します

03 用件の詳細を登録

ⓘ をクリックすると、要件の詳細を設定できます。

定期的に繰り返す用件の場合は、繰り返しのパターンを選択します

必要に合わせて、優先度を設定したりメモを追加します

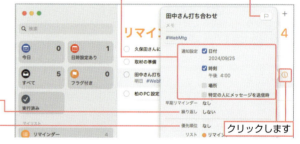

クリックしてフラグを設定できます

クリックします

⏻ Column

リストの追加

「リストを追加」ボタンをクリックすると、新しいリストを追加できます。タグを設定した要件だけを表示するスマートリストも作成できます。
また「今日」をクリックすると今日の要件、「日時設定あり」をクリックすると通知日時を設定した要件、「フラグ付き」はフラグを設定した要件だけを表示できます。

クリックすると通知日時を設定したリマンダーのみを表示できます

クリックすると新しいリストを追加できます

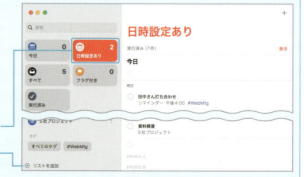

Section 11-7 メモ書きする（メモ）

▶ Section 11-7　　Dock ▶「メモ」/ Launchpad ▶「メモ」

メモ書きする（メモ）

「メモ」を使用してメモを記録できます。SafariやFinderの「共有」メニューから「メモ」を選択するだけで情報を記録できます。メモの内容はiCloudで同期されるため、さまざまな場所・デバイスで思いついたアイデアを書き足す用途にも向いています。

01 Dockの「メモ」をクリック

Dockの「メモ」をクリックします。
または、Launchpadで「メモ」をクリックします。

クリックします

02 新しいメモを作成してメモを入力

新しいメモを追加するには、☑ をクリックします。ドラッグ＆ドロップで画像を追加したり、「フォーマット」メニューを使用して文字を修飾することもできます。

チェックリストを設定した段落は、クリックしてチェックマークを付けられます
自由にメモを追加できます

→ POINT
iCloudなどのクラウドサービスを利用していない場合は、メモはMac内に保存されます。

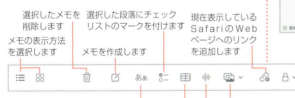

選択したメモを削除します
メモの表示方法を選択します
選択した段落にチェックリストのマークを付けます
メモを作成します
選択した段落にスタイルを設定します
表を挿入します
音声を登録します
現在表示しているSafariのWebページへのリンクを追加します
写真ブラウザから写真を挿入、またはiPhone/iPadから写真やスキャンした書類、スケッチを挿入します（252ページ参照）
選択したメモにパスワードを設定してロックします
メモをメールやメッセージで共有します。他のユーザ（Apple AccountでiCloudにサインインが必要）と選択したメモの内容を共有します

クイックメモ

「メモ」アプリを起動していなくても、画面の右下にカーソルを移動してクリックするとクイックメモを起動でき、すぐに要件をメモできます。

1. カーソルを画面右下に移動してクリックします

2. クイックメモ画面が表示されるので、通常のメモと同様に入力します

Chapter 11 標準アプリの活用

クイックメモは、「クイックメモ」フォルダに保存されます

ドラッグして通常の「メモ」フォルダに移動できます

> POINT

「クイックメモ」フォルダには、通常のメモと同様に複数のメモを作成できます。画面右下にカーソルを移動してクリックすると、最新のクイックメモが表示されます。

> POINT

画面右下でのクイックメモの起動は、「システム設定」の「デスクトップとDock」にある「ホットコーナー」の設定によります。

他のアプリからメモを作る

他のアプリから連係して、「メモ」に情報を残せます。ここでは、一例として「マップ」から「メモ」に登録する手順を紹介します。

01 共有メニューから「メモ」を選択

「メモ」に残したい「マップ」を表示し、「共有」から「メモ」を選択します。

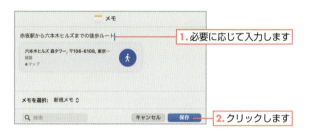

1. クリックします
「メモ」に残したい「マップ」を表示します
2. 選択します

02 入力して保存

必要に応じて「メモ」に入力し、「保存」ボタンをクリックします。

1. 必要に応じて入力します
2. クリックします

03 保存された「メモ」

「マップ」が「メモ」に記録されます。「マップ」の部分をダブルクリックすると、「マップ」を表示できます。

「マップ」から作成された「メモ」
ダブルクリックすると「マップ」を表示できます

⏻ Column

ピンで固定して上部に表示する

「メモ」を2本指（Magic Mouseでは1本指）で右にスワイプするか、controlキーを押しながらクリック（右クリックでも可）して「メモをピンで固定」を選択すると、ピン止めされて常に上部に表示されるようになります。

「メモ」を右にスワイプするとピンで固定できます

238

Section 11-8 チャットする（メッセージ）

▶ Section 11-8　　Dock ▶「メッセージ」／ Launchpad ▶「メッセージ」

チャットする（メッセージ）

「メッセージ」を使用して、文字でリアルタイムの会話を楽しめます。会話中にFaceTimeを起動してビデオチャット（テレビ電話）に移行したり、使用プロトコル／アカウントによっては音声チャットを楽しむこともできます。

「メッセージ」を起動する

メッセージは、Dockの「メッセージ」をクリックすると起動します。

クリックします

アカウントを設定する

起動時にApple Accountでサインインしていないと、iMessage設定のアシスタントが表示されるので、アカウントを設定します。

Apple Accountとパスワードを入力してから、「サインイン」ボタンをクリックしてください。

1. 入力します
2. クリックします
3. サインインが終わると、メッセージウインドウが表示されます

Column
Apple Accountと携帯電話の番号

「メッセージ」メニューの「設定」にある「iMessage」パネルでサインインに使用したApple AccountとiPhoneの電話番号を紐付けして、着信先として設定できます。また、サインアウトできます。

- サインインに使用したApple Account
- サインアウトするにはクリック
- iCloudにメッセージを保管するにはチェックします
- 着信用に使うメールアドレスと電話番号にチェックを入れます
- 新規チャットの発信元のメールアドレス／携帯電話番号を設定します

239

メッセージでチャットする

メッセージを使ってインターネットでチャットするには、相手のユーザをメンバーリストに登録します。

01 チャット相手を指定

「宛先」フィールドに相手の名前を入力します。
相手の名前を入力し始めると、連絡先に登録されている情報から候補を表示します。
ウインドウ左側のリストから送信先を選ぶこともできます。

02 メッセージを入力して return キーを押す

相手がメッセージに返信すると、メッセージウインドウに表示されます。

相手の名前を入力します
自分が送信したメッセージ
絵文字を送信できます
メッセージを入力して return キーを押します
クリックして、「写真」アプリの画像やミー文字などを送信できます

Column
メッセージを検索する

メッセージウインドウの検索フィールドで、宛先や送信済みのメッセージを検索できます。

添付ファイルを送信する

「チャット」メニューから「ファイルを送信」を選択すると、メッセージに最大100MBのファイルを添付して送信できます。

添付するファイルをメッセージ入力欄にドラッグ＆ドロップしてもかまいません。

選択します

Column
iMessageへの対応

iMessageは、OS X Mountain LionやiOS 5以降のiPhoneやiPad、iPad touchを利用しているユーザにメッセージを送信することができます。
Macでの会話の続きを他の端末で続けることができます。また、Apple Accountに関連付けられているメールアドレスや電話番号にもiMessageを送信できます。

ファイルを送信する option + ⌘ + F

Section 11-8 チャットする（メッセージ）

iPhoneのSMS/MMSをMacで送受信する

　macOS Sequoiaでは、iPhoneの電話番号宛てのSMSをiPhoneと同じApple Accountでサインしているen MacのメッセージDe送受信できます。

● 使用のための要件

　iOS 8以降がインストールされているiPhoneが必要です。

● 使用できるように設定する

　MacでSMS/MMSを送受信できるように、iPhoneで設定します。Macと同じApple Accountでサインインしてください。

● SMS/MMSの送受信

　設定が完了すると、iPhone宛てのSMS/MMSの送受信が可能になります。

241

Chapter 11 標準アプリの活用

▶ Section 11-9   Dock ▶「マップ」/ Launchpad ▶「マップ」

地図を見る（マップ）

「マップ」を使用してMacで地図を表示できます。
マップはDockの「マップ」をクリックすると起動します。

「マップ」を見る

地名等を検索して表示できます。

現在地を表示します
3D表示のオン／オフを切り替えます
経路を表示します

地図の表示形式を切り替えます（次ページ参照）
ルックアラウンドを表示します（次ページ参照）
よく使う項目やガイドの追加、新規タブでの新しい地図を表示します
地図を共有します（244ページ参照）

クリックしてここから目的地までの経路を検索できます
現在地からの所要時間
周囲からの景色が表示されます

住所や建物名で検索できます   サイドバーの表示／非表示を切り替えます

地図上でドラッグ（または2本指でスワイプ）すると、表示範囲を移動できます

検索した場所に表示されます

3Dの表示例

連絡先アプリで、自分の「自宅」「勤務先」に設定した住所が表示されます
よく使う場所などをライブラリに登録できます

地図を拡大表示／縮小表示します
角度を調整できます
周囲をドラッグして、地図の向きを変更できます。変更した向きは、周囲部分をクリックして北を上に戻します

> **▶ POINT**
> 「ファイル」メニューの「新規ウインドウ」を選択すると、複数のマップを表示できます。「表示」メニューの「タブバーを表示」を選択すると、複数のマップをタブで切り替えて表示できます。

Section 11-9 地図を見る（マップ）

Column

地図の表示形式

地図の表示形式は、🔲 をクリックするか、「表示」メニューから選択して切り替えられます。「詳細」（⌘＋1）、「ドライブ」（⌘＋2）、「交通機関」（⌘＋3）「航空写真」（⌘＋4）を選択できます。ドライブ（または「航空写真」で「交通情報を表示」にチェック）では交通情報（オレンジは低速、赤は渋滞発生、事故情報はマーカーで表示）を表示できます。ラベルをチェックすると、店舗などのラベルを表示します。

詳細

ドライブ

交通機関

航空写真

ルックアラウンド

🔭 をクリックすると、地図上の指定した位置からの風景を表示します。

地図表示に切り替えます

ドラッグして視点方向を変更できます

ドラッグして視点の位置を移動できます

ドラッグして視点方向を変えたり、クリックして視点位置を変えたりできます

風景の表示に切り替えます

243

経路を探す

をクリックし、出発地、到着地を指定します。
「車」「徒歩」「交通機関」「自転車」で、移動する経路を切り替えられます。

1. クリックします
2. 選択します
3. 指定します

経路をダブルクリックすると、乗換駅や曲がり角などの詳細情報を表示できます

クリックすると、詳細な経路情報が表示されます

経路を表示する ⌘+R

> **POINT**
> 地図に複数の経路が表示された場合は、使用したい経路をクリックします。

Column

地図情報を送る

同じApple AccountでiCloudにサインインしているiPhone/iPadのマップに、表示している地図情報や経路情報を送信できます。
をクリックして、送信するiPhone/iPadを選択してください。
メモやリマインダーに送ったり、メッセージやAirDropで他のユーザのMacやiPhone/iPadにも送れます。

地図を表示します

1. クリックします
2. 送信するiPhone/iPadを選択します

Chapter

12

iPhone / iPad との
連係機能

Macは iPhone/iPad などと連係して、便利に活用できます。
ここでは、iPhone/iPadとの連係機能について説明します。

Section 12-1　Macから iPhone を通して電話をかける/受ける（FaceTime）
Section 12-2　Handoff で iPhone/iPad と Mac で同じ作業を続ける
Section 12-3　Mac と iPhone/iPad でのコピー＆ペースト（ユニバーサルクリップボード）
Section 12-4　iPhone/iPadを使って写真を撮る
Section 12-5　iPhone/iPad/Macを紛失時に探せるようにする（探す）
Section 12-6　iPhoneの音声や画像を Mac で再生する（AirPlay）
Section 12-7　ユニバーサルコントロール
Section 12-8　連係カメラ
Section 12-9　Macで iPhone を使う（iPhone ミラーリング）
Section 12-10　iPhone/iPadへ転送・同期するコンテンツの設定

Chapter 12 iPhone / iPad との 連係機能

▶ Section 12-1　Dock ▶「FaceTime」/ Launchpad ▶「FaceTime」

MacからiPhoneを通して電話をかける／受ける（FaceTime）

Macの画面からiPhoneを通して電話をかけたり、iPhoneにかかってきた電話をMacで受けることができます。Macで作業中に電話をする必要があっても、iPhoneをバッグなどから取り出す必要がありません。

使用できるように設定する

Mac、iPhoneそれぞれで、同じApple AccountでFaceTimeにサインインします。また、MacとiPhoneを同じWi-Fi親機に接続します。

● Macで「iPhoneから通話」をオンにする

FaceTimeを起動し、「FaceTime」メニューから「設定」を選択し、「iPhoneから通話」をチェックして準備完了です。

> **POINT**
> 「iPhoneから通話」が表示されない場合、Macを再起動してから、「システム設定」の「Apple Account」とFaceTimeのサインイン、Wi-Fiの接続を再確認してください。

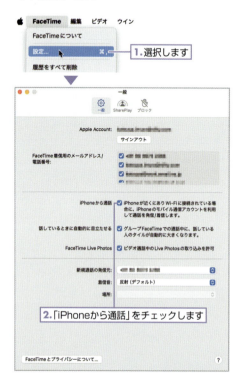

Column

iPhoneでの設定

「設定」を開き「アプリ」の「FaceTime」を選択して、「FaceTime」をオンにします。Macと同じApple Accountとパスワードを入力してください。

※表示されていないときは、タップして同じApple Accountでサインインしてください。

「設定」を開き、「アプリ」の「電話」の「ほかのデバイスでの通話」で「ほかのデバイスでの通話を許可」をオンにし、使用するMacをオンにします。

246

Section 12-1 MacからiPhoneを通して電話をかける／受ける（FaceTime）

Macで電話を受ける

iPhoneに電話がかかってくると、画面右上に通知されます。
「応答」をクリックすると、通話できるようになります。

iPhoneに電話がかかってくると表示される画面

電話を受けるにはクリック

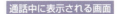
通話中に表示される画面

電話を切るにはクリック

Macから電話をかける

「連絡先」などのアプリから、表示されている電話番号に対して電話をかけることができます。

「連絡先」の場合

クリックします

iPhoneから電話が発信されると表示されます

Column

Macでの通話をやめてiPhoneで話すには

iPhoneのロックを解除して、画面上部の「タッチして通話に戻る」をタップします。

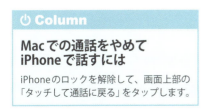

→ POINT

他のアプリでも、同様に電話を発信できます。

FaceTimeでは、「新規FaceTime」をクリックし、「宛先」で電話をかける相手を検索し、`control`キーを押しながらクリック（右クリックでも可）して電話番号を選択します

「メール」では電話番号の上にカーソルを移動して表示されたボタンをクリックして、「iPhoneで"nnn-nnnn-nnnn"に発信」を選択します

247

Chapter 12 iPhone / iPad との 連係機能

▶ Section 12-2 　「システム設定」▶「一般」/「システム設定」▶「Bluetooth」

HandoffでiPhone/iPadとMacで同じ作業を続ける

macOS SequoiaのMacとiOS 8以降を搭載しているiPhone/iPadでは、「カレンダー」「連絡先」「メール」などの付属アプリのデータをMacとiPhone/iPad間で転送できます。iPhoneで書きかけのメールをMacで続きを書いて送信するといった使い方が可能です。

Handoffを使用するための要件

Handoffに対応しているiPhone/iPadは、iOS 8以降がインストールされているiPhone/iPad/iPod touch（第5世代以降）です。

使用できるように設定する

●同じApple Accountでサインイン

Mac、iPhone/iPadそれぞれで、同じApple Accountでサインインします。

●Bluetoothをオン

Mac、iPhone/iPadともにBluetoothをオンにします。

●Handoffを許可

「システム設定」の「一般」から「AirDropとHandoff」を選択し、「このMacとiCloudデバイス間でのHandoffを許可」をオンにします。

⏻ Column

Bluetoothのオン／オフ

MacでBluetoothをオンにするには、「システム設定」の「Bluetooth」で設定します。iPhone/iPadでは、コントロールセンターで設定するか、「設定」の「Bluetooth」で設定します。

Section 12-2 HandoffでiPhone/iPadとMacで同じ作業を続ける

● iPhone/iPadの設定

「設定」の「一般」にある「AirPlay と連係」をタップして、「Handoff」をオンに設定します。

iPhone/iPadからMacに引き継ぐ

iPhone/iPadをMacに近づけると、Dockの右側にHandoffで転送されたアプリが表示されるので、クリックします。Macのアプリが起動し、iPhone/iPadの操作がそのまま引き継がれて表示されます。

→ POINT

Handoffを利用するには、MacとiPhone/iPadがBluetooth圏内（約10m）にある必要があります。

→ POINT

操作が引き継がれるのは、iPhone/iPadで前面で使っているアプリだけとなります。

Chapter 12 iPhone / iPad との 連係機能

MacからiOSやiPadOSに引き継ぐ

　iPhone/iPadで画面下部から上方向にスワイプして途中で止めて（またはホームボタンをダブルタップ）、Appスイッチャーを表示します。

　Macに近づけると、画面下部にHandoffで転送されたアプリが表示されるので、タップします。

　iPhone/iPadのアプリが起動し、Macの操作がそのまま引き継がれて表示されます。

1. Macで操作した状態で、iPhone/iPadを近づけます

2. Appスイッチャーを表示します

3. Handoffで転送されたアプリのアイコンが表示されるので、タップします

4. アプリが起動し、操作が引き継がれます

POINT
操作が引き継がれるのは、Macで前面で使っているアプリだけとなります。

250

Section 12-3 MacとiPhone/iPadでのコピー&ペースト（ユニバーサルクリップボード）

▶ Section 12-3　ユニバーサルクリップボード

MacとiPhone/iPadでのコピー&ペースト
（ユニバーサルクリップボード）

同じApple AccountでサインインしているMacとiPhone/iPadであれば、Macでコピーした内容をiPhone/iPadにペーストできます。または逆にiOSでコピーしてMacでペーストも可能です。

01 Macでコンテンツを選択

Macのアプリ内で、iPhone/iPadにコピー&ペーストするコンテンツを選択します。
ここでは、「プレビュー」で表示した画像の一部を選択しています。

コピー&ペーストする範囲を選択します

⏻ Column

利用条件

MacとiPhone/iPadでHandoffできる設定が必要です。
Handoffの設定は、Section 12-2を参照ください。

02 コピーする

「編集」メニューから「コピー」（⌘+C）を選択します。

選択します

03 ペーストする

iPhone/iPadでタップしてメニューを表示し、「ペースト」をタップします（ここでは「メモ」にペースト）。

1.タップします

2.タップします

04 コピー&ペーストされた

Macでコピーした画像がペーストされました。

3.ペーストされました

➡ POINT

ここでは画像ですが、「テキストエディット」に入力した文字や、Webページに表示された文字を選択してもかまいません。

⏻ Column

iPhone/iPadからMacにコピー&ペースト

iPhone/iPadでコピーしたコンテンツは、Macにペーストできます。

251

Chapter 12 iPhone / iPad との 連係機能

▶ Section 12-4　アクションメニュー ▶「iPhoneから読み込む」▶「写真を撮る」

iPhone/iPadを使って写真を撮る

Macから操作を開始して、iPhone/iPadを使って撮影できます。Mac miniなど内蔵カメラのない機種や、内蔵カメラでは撮りにくい写真を撮影できます。また、写真と同様に書類をスキャンすることもできます。

利用条件

MacとiPhone/iPadがどちらもBluetoothがオンで、同じWi-Fiルーターに接続して、同じApple Accountでサインインしている必要があります（2ファクタ認証が有効である必要があります）。

Macからの指示で写真を撮る

ここでは、Finderウインドウからの操作でiPhoneを使って写真を撮り、画像データを作成します。

01 操作を選択

Finderウインドウを control キーを押しながらクリック（右クリックでも可）して、「iPhoneから読み込む」から「写真を撮る」を選択します。

☺︎ をクリックして、「iPhoneから読み込む」から「写真を撮る」を選択してもかまいません。

02 iPhoneの撮影待ち

この画面が表示されたら、iPhoneで撮影できます。

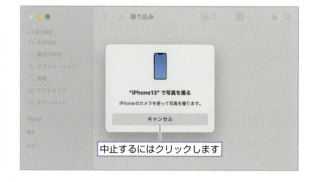

> **Column　アプリからも使用できる**
>
> 「テキストエディット」や「メモ」などでも、iPhone/iPadを利用して撮影（スキャン）した写真を書類中に挿入できます。「ファイル」メニューの「iPhoneから挿入」から選択してください。
> Pages、Numbers、Keynoteでは「挿入」メニューの「iPhoneからの挿入」から選択してください。

252

Section 12-4 iPhone/iPadを使って写真を撮る

03 iPhoneで撮影

iPhoneでカメラアプリが起動するので、通常のiPhoneの撮影のように写真を撮ります。

04 「写真を使用」をタップ

「写真を使用」をタップします。撮り直すときは、「再撮影」をクリックします。

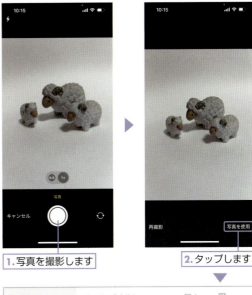

05 画像ファイルが保存される

iPhoneで撮影した写真が画像ファイルで保存されます。

Macからの指示で書類をスキャンする

ここでは、Finderウインドウからの操作で、iPhoneを使って書類をスキャンします。

01 操作を選択

Finderウインドウを control キーを押しながらクリック（右クリックでも可）して、「iPhoneから読み込む」から「書類をスキャン」を選択します。

⊙ ˇ をクリックして、「iPhoneから読み込む」から「書類をスキャン」を選択してもかまいません。

02 iPhoneで書類をスキャン

右の画面が表示されたら、iPhoneで書類をスキャンできます。

253

03 iPhoneでスキャン

iPhoneでカメラアプリが起動するので、書類に合わせて画角を決めて撮影します。
自動モードでは、書類と認識した範囲がハイライト表示されて自動でスキャンされます。

04 「保存」をタップ

スキャンは連続して行えます。
同様の手順で、他の書類もスキャンしてください。

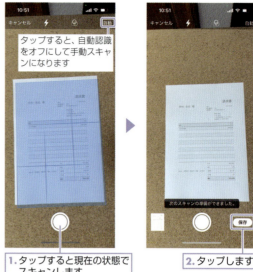

1. タップすると現在の状態でスキャンします
2. タップします

05 PDFファイルが保存される

iPhoneでスキャンした書類が、PDFファイルで保存されます。

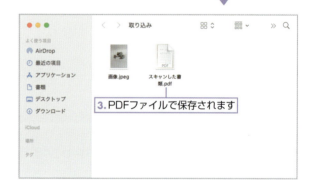

3. PDFファイルで保存されます

> **POINT**
> 手動スキャンしたときは、タップして撮影した後に書類部分をハンドルで指定して「スキャンを保持」をタップします。
>
>
>
> 書類部分を指定します
> このスキャンを破棄して再スキャンします
> タップすると指定範囲がスキャン書類となります

⏻ Column

スケッチを追加

「スケッチを追加」を選択すると、iPhoneやiPadで手描きスケッチした画像を取り込めます。iPadでApple Pencilを使うことも可能です。

Section 12-5

Launchpad ▶「探す」

iPhone/iPad/Macを紛失時に探せるようにする（探す）

Macと同じApple AccountでサインインしているiPhone/iPadおよびMacの現在位置を、地図上で確認できます。紛失時にデバイスの現在位置を確認するだけでなく、デバイス側で注意を喚起したり、遠隔操作で画面をロックしたりデータを消去したりできます。

探す

iPhone/iPadを探すには、「探す」アプリを使用します。

01 「探す」を起動

Launchpadから「探す」をクリックして起動します。

02 地図上に表示される

「デバイスを探す」を選択します。サイドバーには、同じApple AccountでサインインしているiPhone/iPad/Macが表示されます。位置を確認するデバイスをクリックすると、地図上に表示されます。

255

Chapter 12 iPhone / iPad との 連係機能

03 iPhone/iPad/Macを操作する

地図上のiPhone/iPad/Macの🛈をクリックすると、「サウンドを再生」でiPhone/iPadに警告音を再生できます。
「紛失としてマーク」を有効にすると、iPhone/iPadを拾得した方へのメッセージを表示できます。

iPhone/iPad/Macへの操作が可能です

⏻ Column

現在位置が表示されない場合

iPhone/iPadの場合は、「設定」をタップして「Apple Account」アカウントを開き、「探す」の「iPhoneを探す」(iPadの場合は「iPadを探す」)をオンにします。
Macの場合は、「システム設定」の「Apple Account」ウインドウ(28ページ参照)を表示して「iCloud」をクリックし、「iCloudに保存済み」の「すべてを見る」をクリックして、「Macを探す」をオンにします。

iPhoneの例

オンにします

Macの例

オンにします

Section 12-6　AirPlay

iPhoneの音声や画像をMacで再生する（AirPlay）

 AirPlay機能を利用して、iPhoneやiPadの音声や映像をMacで再生できます。iPhoneで撮影した画像や映像を、Macの大きな画面で見ることができます。

iPhoneやiPadの映像をMacで表示する

iPhoneやiPadの「写真」アプリで 📤 をタップします。メニューから「AirPlay」をタップし、表示先のMacを選択します。

1. タップします

2. タップします

3. 表示するMacをタップします

4. Macの画面に表示されます

▶ Section 12-7　「システム設定」▶「ディスプレイ」

ユニバーサルコントロール

　同じApple Accountでサインインしていれば、近くにあるiPadやMacで現在使用しているMacのカーソルをシームレスに移動し、キーボードやマウスをそのまま利用できる機能です。

Macの設定

　iPadやMacと同じApple Accountでサインインします。

　「システム設定」の「ディスプレイ」を選択し、「詳細設定」ボタンをクリックします。ポップアップウインドウで「MacまたはiPadにリンク」で設定します。上の2つの設定をオンにしておくとよいでしょう。

オンにすると、同じApple AccountでサインインしているiPadやMacで、マウスカーソルを移動させてキーボードとマウスを共用できるようになります

オンにすると、マウスをディスプレイの右端または左端に移動すると、同じApple AccountでサインインしているiPadやMacにカーソルが移動します

オンにすると、近くにある同じApple AccountでサインインしているiPadやMacに自動で再接続します

iPadの設定

　Macと同じApple AccountでiCloudにサインインします。

　「設定」アプリの「一般」から「AirPlayと連係」を選択し、「Handoff」と「カーソルとキーボード」をオンにします。

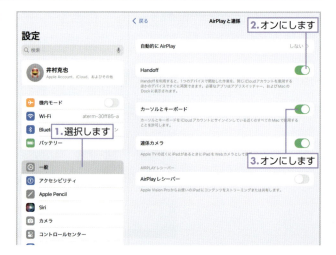

1. 選択します
2. オンにします
3. オンにします

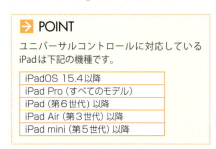

▶ POINT

ユニバーサルコントロールに対応しているiPadは下記の機種です。

| iPadOS 15.4以降 |
| iPad Pro（すべてのモデル） |
| iPad（第6世代）以降 |
| iPad Air（第3世代）以降 |
| iPad mini（第5世代）以降 |

Section 12-7 ユニバーサルコントロール

ユニバーサルコントロールを使う

ここでは、前ページの「Macの設定」での設定で説明します。

Macでマウスカーソルをディスプレイの右端に移動します。太いラインが表示されるので、そのまま右に移動してください。カーソルがiPadに移動し、Macのマウス（トラックパッド）とキーボードがそのまま利用できます。

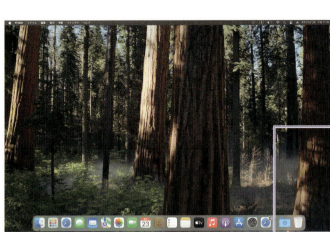

マウスカーソルを右端を移動すると、太いラインが表示されます

iPad側にカーソルが表示されます。そのままMacのマウスやトラックパッドでカーソルを移動して、タップと同じ操作が可能です。キーボードからの文字入力も可能です。左端にカーソルを移動すると、Macにカーソルが戻ります

> **POINT**
> マウスを左端に移動した場合は、ディスプレイ左側からiPadとのカーソルの往来となります。

> **POINT**
> ユニバーサルコントロールを使用しているときの「システム設定」の「ディスプレイ」には、接続しているiPadやMacが表示されます。iPadをクリックすると、「使用形態」は「キーボードとマウスをリンク」と表示されます。

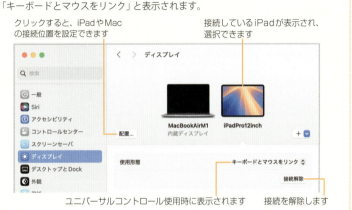

259

▶ Section 12-8　iPhoneの「設定」アプリ ▶「一般」▶「AirPlayとHandoff」▶「連係カメラ」

連係カメラ

同じApple Accountでサインインしていれば、iPhoneのカメラをMacのWebカメラとして利用できます。Mac miniなどのカメラ非搭載の機種でも、映像ありのWeb会議が可能です。

利用条件

Mac（Sequoia）とiPhone（iPhone XR以降で、iOS 16以降）がどちらもBluetoothがオンで、同じWi-Fiルーターに接続して、同じApple Accountでサインインしている必要があります。

iPhoneの設定

「設定」の「一般」にある「AirPlayと連係」をタップして、「連係カメラ」をオンに設定します。

オンにします

利用方法

iPhoneをMacに近づけます。FaceTimeやZoomなどを起動すると、自動で連係カメラとして接続されます。FaceTimeでは、「ビデオ」メニューで使用するカメラやマイクを選択できます。

iPhoneのカメラとマイクを選択できます

Macに連係カメラとして認識されると、iPhoneに表示されます。
FaceTimeを終了すると、カメラの連係は自動解除されるので、特に操作する必要はありません

▶ **Section 12-9** Launchpad ▶「iPhoneミラーリング」/「サイドバー」▶「アプリケーション」▶「iPhoneミラーリング」

MacでiPhoneを使う（iPhoneミラーリング）

「iPhoneミラーリング」を使うと、Mac上でiPhoneの画面を表示して利用できます。また、iPhoneへの通知は、Macへも通知として表示されます。

利用条件

Mac（Sequoia）とiPhone（iOS 18）がどちらもBluetoothがオンで、同じWi-Fiルーターに接続して、同じApple Accountでサインインしている必要があります。

使用開始の設定

Launchpadなどから「iPhoneミラーリング」アプリを起動します。iPhoneはロックした状態で、起動する必要はありません。初めてiPhoneと接続する際の画面が表示されるので、画面の指示に従って進めてください。

（次ページに続く）

261

Chapter 12 iPhone / iPad との 連係機能

4. クリックします

「iPhoneミラーリング」起動時に、Macのログインパスワードまたは TouchIDを使用して接続します

「iPhoneミラーリング」起動時に、自動でiPhoneにつながります

MacでiPhoneを使う

iPhoneをロックした状態で、Macの「iPhoneミラーリング」アプリを起動すると、Mac上にiPhoneの画面が表示されます。表示されたiPhone画面は、通常のiPhoneとほぼ同じように利用できます。

文字入力は、Macのキーボードを利用できます。

iPhoneに接続しています　　iPhoneの画面が表示されます

Macのログインパスワードまたは TouchIDを使用してログインしてください。iPhoneのログインパスコードではありません

➡ POINT

Macのログインパスワードまたは TouchID の入力画面は、iPhone ミラーリングの認証に「毎回確認」を選択した際に表示されます。この設定は、「iPhoneミラーリング」メニューの「設定」で変更できます。

Section 12-9 MacでiPhoneを使う（iPhoneミラーリング）

Macでの操作とショートカットキー

iPhoneミラーリング画面では、キーボードショートカットを使うとよいでしょう。

ホーム画面表示	⌘ + 1
アプリスイッチャー表示	⌘ + 2
Spotlight起動	⌘ + 3
タップ	マウスではクリック、トラックパッドではタップ
画面の1本指のスワイプ	トラックパッドでは2本指のスワイプ、Magic Mouseでは1本指のスワイプ

Column
ウインドウのアイコンを利用する

iPhoneミラーリング画面の上部にマウスを移動すると、アプリのウインドウが表示され、右上に表示されたアイコンでホーム画面やアプリスイッチャーを表示できます。

ホーム画面を表示　アプリスイッチャーを表示
ウインドウの上に移動します

Macに表示するiPhone通知の設定

iPhoneミラーリング使用中は、iPhoneへの通知はMacにも表示されます。

Macには通知を表示したくない場合や、アプリごとの通知の設定は、「システム設定」の「通知」で「iPhoneからの通知を許可」をクリックし、「iPhoneからの通知」で設定します。

アプリごとの通知は、iPhoneでも設定できます。「設定」アプリで「通知」を選択し、Macに通知したくないアプリを選択して「Macに表示」をオフにします。

オンにすると、iPhoneからの通知を表示します

アプリごとに通知するかを設定できます

オンにすると、通知表示時に通知音を鳴らします

オフにすると、Macに通知されなくなります

263

Chapter 12 iPhone / iPad との 連係機能

▶ Section 12-10　iPhone / iPad / Finderウインドウ

iPhone/iPadへ転送・同期する
コンテンツの設定

iPhone/iPadをMacにUSBケーブルで接続すると、FinderにiPhone/iPadが表示され、デバイスごとにアプリやコンテンツ単位で同期する項目を設定します。

iPhone/iPadへの転送・同期設定を変更する

　MacにiPhone/iPadをUSBケーブルで接続し、Finderウインドウの「場所」からiPhone/iPadを選択します。
　ウインドウ上部に表示された同期する項目を選択し、設定を変更します。

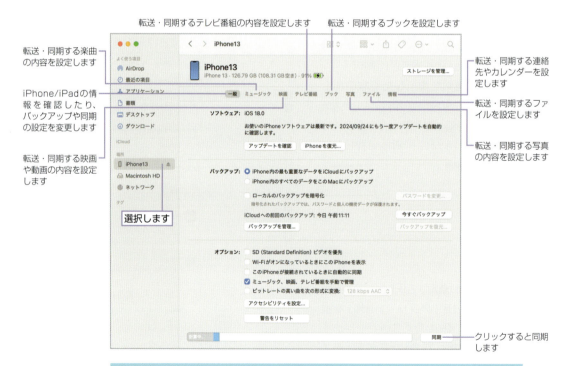

⏻ Column

複数のiPhone/iPadを管理できます

1台のMacで複数のiPhone/iPadを管理できます。同時に接続した場合は、Finderウインドウのサイドバーから設定を変更したいiPhone/iPadを選択してから、転送や同期の設定を変更します。

Chapter

13

ファイル共有と画面共有

Macにはデータをやり取りするのに便利なAirDropが搭載されています。ここでは、AirDropによるファイル共有について説明します。他のMacの画面を自分のMacに表示して、操作する画面共有も可能です。

Section 13-1　AirDropでファイルを転送する
Section 13-2　画面共有で他のMacの画面を表示する

Chapter 13 ファイル共有と画面共有

▶ Section 13-1　Finderウインドウ ▶ サイドバー ▶ AirDrop

AirDropでファイルを転送する

AirDropとは、Wi-Fiを使って、近くにあるMacやiPhone/iPadとファイルのやり取りをする機能です。外出先などでファイルをコピーする場合などに便利です。

AirDropを表示する

Wi-Fiがオンであれば、AirDropを使ってかんたんにファイルのやり取りが可能です。

Finderウインドウを表示して、サイドバーのAirDropを選択します。相手のMacが見えるかどうかを確認します。

▶ 相手のMacが表示されない場合は？

相手のMacのAirDropウインドウ下部にある「このMacを検出可能な相手」で「すべての人」を選択します。AirDropを使用しないときは、「なし」に設定しておいてください。

AirDropはiPhoneとも利用できるため、電車や街中などでも、知らない人からファイルを転送される可能性があります。

コントロールセンターからでも設定できます。

ShortCut
AirDropを表示
shift + ⌘ + R

送る側の操作

ファイルを送る側のMacで、AirDropに表示された送信先のMacのアイコンに送信したいファイルをドラッグ＆ドロップします。

Column

共有ボタンで送る

転送するファイルを選択してFinderウインドウの共有ボタンから「AirDrop」を選択しても、AirDropでファイルを転送できます。ただし、送り先のMacでAirDropが表示されている必要があります。

受ける側の操作

ファイルを受ける側のMacに通知が表示されます。通知にカーソルを移動し、辞退するか、「受け入れる」をクリックして保存場所を選択します。

> **POINT**
> 同じApple AccountでサインインしているMac/iPhone/iPadでは、確認なしで自動で転送されます。

相手のMacのFinderウインドウにAirDropが表示されている場合は、通知ではなくFinderウインドウに通知されるので、受け入れるかどうかを選択します。

iPhone/iPad/iPod touchとAirDrop

MacとiPhone/iPad/iPod touch（iOS 7以降でLightningコネクタ搭載）では、AirDropでファイルの転送が可能です。

● 接続の設定

MacとiPhone/iPad/iPod touchを、相手のMacやiPhone/iPad/iPod touchに検出してもらえるように設定します。

▶ Mac

FinderウインドウでAirDropを表示します。ウインドウ下部にある「このMacを検出可能な相手」で、「連絡先のみ」または「すべての人」を選択します。

「連絡先のみ」を選択すると、連絡先に登録されている相手だけが検出されます。

▶ iPhone/iPad

「設定」アプリで「一般」から「AirDrop」を開きます。検出可能な相手として「連絡先のみ」または「すべての人」を選択します。

「連絡先のみ」を選択すると、連絡先に登録されている相手だけが検出されます。

> **POINT**
>
> AirDropを使用しないときは、「受信しない」に設定しておいてください。
> AirDropはiPhone同士でも利用できるため、電車や街中などでも、知らない人からファイルを転送される可能性があります。
> 見知らぬ人から転送された場合は、共有を拒否してください。

●ファイルの転送

▶ Macから転送

他のMacに送るのと同様に、Finderウインドウの「AirDrop」で転送先にファイルをドラッグ＆ドロップするか、共有ボタン🔗をクリックしてAirDropを選択して、転送先を選択してください。

iPhone/iPad/iPod touchで転送したファイルが表示されるので、「受け入れる」をタップすると転送されます。

> **POINT**
> 同じApple AccountでiCloudにサインインしているMacとiPhone/iPadでは、確認なく自動で転送されます。

▶ iPhone/iPadから転送

Macに転送するファイル等を選択し、タブバーから🔗をタップします。AirDropアイコンをタップし、転送先のMacを選択します。Macの受け入れ方は、MacからのAirDropと同じです。

Column

オンラインストレージを使う（WindowsPCとファイル共有も可能）

クラウド上のオンラインストレージを使用すると、他のMacとのファイル共有が容易になります。iCloud Driveを使用すれば、MacどうしだけでなくWindows PCも含めてファイル共有できます。Windows PCで、Windows用iCloudをインストールし、Apple Accountでサインインしてください。
また、Windows用のオンラインストレージであるOneDriveを、Macで使用することもできます。MacにOneDrive for Macをインストールし、Microsoftアカウントでサインインしてください。
DropBoxや、Googleドライブなど、有償のオンラインストレージサービスを使ってもいいでしょう。利用できるデータ量やサービスの使用料など、自分にあった条件のサービスを選択してください。

Column

NASを使う

NASは、簡単にいうとLAN接続する外付けハードディスクで、LANに接続したどのMacからもファイル共有できるようになります。企業で使用しているファイルサーバーのようなものです。多くのNASが販売されており、ほとんどがWindowsとMacの両方に対応しています。
念のためにMac対応であることを確認してください。ただし、最新のmacOSであるSequoiaには未対応の場合もあります。詳細は、各社のWebサイトで確認してください。

ネットワーク対応HDDリンクステーション「LS720D」シリーズ（バッファロー）

Section 13-2 画面共有で他のMacの画面を表示する

▶Section 13-2 「システム設定」▶「一般」▶「共有」/ Finderウインドウ ▶ サイドバー ▶「ネットワーク」
画面共有で他のMacの画面を表示する

「システム設定」の「共有」のリストにある「画面共有」をオンにすると、自分のMacの画面にネットワークに接続されている他のMacのデスクトップ画面を表示して、リモートで操作できます。

■ 画面共有をオンにする

画面共有するには、公開する側のMacで画面共有を有効にします。
画面共有のオン／オフは、「システム設定」の「一般」から「共有」を選択して設定します。

01 「システム設定」から「共有」を選択

Dockやアップルメニューから「システム設定」を起動し、「一般」にある「共有」を表示します。

02 「画面共有」をオンにする

「コンテンツとメディア」にある「画面共有」をオンにすると、ネットワーク上の他のMacで、このMacの画面を表示できます。

■ 画面共有されたMacに接続する

01 Macを選択して接続する

サイドバーの「場所」の「ネットワーク」をクリックし、表示された接続先Macをダブルクリックして開きます。

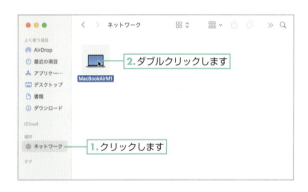

271

02 「画面を共有」をクリック

ウインドウの右側にある「画面を共有」ボタンをクリックします。

> **POINT**
> サイドバーに接続先のMacが表示されているときは、クリックして選択して「画面を共有」ボタンをクリックします。

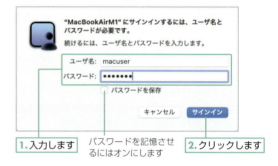

03 公開したMacのユーザ名とパスワードを入力する

「ユーザ名」と「パスワード」に公開したMacのログインに使用するユーザ名（アカウント名）とパスワードを入力します。「パスワードを保存」をチェックにすると、次回以降、この画面での入力は不要になるので、必要に応じてチェックします。設定したら、「サインイン」ボタンをクリックします。

> **POINT**
> ファイル共有と同様に、同Apple Accountを使っている場合、名前とパスワードを入力しないで画面共有できます。

04 画面共有タイプを選択する

画面共有タイプを選択します。通常は「標準」を選択し「続ける」をクリックしてください。

05 接続先のMacの画面が表示される

自分のデスクトップに、共有するMacのデスクトップが表示されます。表示された共有画面は、自分のMacと同じように操作できます。
ウインドウを閉じると、共有は解除されます。

> **Column**
> **ファイル転送も可能**
> 画面共有しているMacと、ファイルをドラッグ＆ドロップでファイルの送受信が可能です。

> **Column**
> **縮小表示も可能**
> 共有画面のウインドウを小さくして、縮小表示することもできます。

接続先のMacの画面が表示されました

Chapter

14

ユーザを管理する

· ·

Macはひとりで使うことも、家族共用のコンピュータとして使うこ
ともできます。ここでは、ユーザの追加やログインパスワードなど
のユーザに関する設定について解説します。

Section 14-1　Macの使用ユーザを追加する
Section 14-2　ログインユーザを切り替える
Section 14-3　ログインパスワードを変更する
Section 14-4　不要なユーザアカウントを削除する

▶ Section 14-1 「システム設定」▶「ユーザとグループ」

Macの使用ユーザを追加する

 Macは、最初はひとりで利用するように設定されていますが、アカウント（使用者）を追加すれば、それぞれのユーザが独自の環境で使用できます。追加登録したアカウントには、アカウントごとにMacの使用内容を制限できます。

使用ユーザ（アカウント）を追加する

Macの使用ユーザを追加するには、「システム設定」の「ユーザとグループ」で行います。
ユーザの追加には、パスワードが必要です。

01 「システム設定」の「ユーザとグループ」で「ユーザを追加」をクリック

Dockやアップルメニューから「システム設定」を起動し、「ユーザとグループ」をクリックします。
画面右側にある「ユーザを追加」をクリックします。

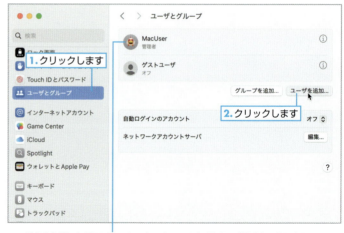

ユーザ名の左横にあるアイコンにマウスカーソルを重ねると「編集」と表示されるので、クリックすると画像を選択できます。
Sequoiaの持つデフォルト画像以外に、「写真」アプリで管理している画像や「Photo Booth」で撮影した画像が選択できます。また、カメラでも画像を撮影できます

02 ロックを解除する

パスワードを入力して、「ロックを解除」をクリックします。

03 ユーザを追加する

「新規ユーザ」で「通常」を選択します。
「フルネーム」に使用者の名前、「アカウント名」にログイン時に使用する名称を入力します。
「パスワード」と「確認」にログイン時に使用するパスワードを入力します。
「パスワードのヒント」には、パスワードを忘れたときのヒントを必要に応じて入力します。
最後に、「ユーザを作成」ボタンをクリックすると、新しいアカウントが追加されます。

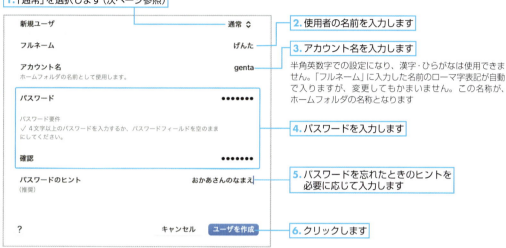

1. 「通常」を選択します（次ページ参照）
2. 使用者の名前を入力します
3. アカウント名を入力します
半角英数字での設定になり、漢字・ひらがなは使用できません。「フルネーム」に入力した名前のローマ字表記が自動で入りますが、変更してもかまいません。この名称が、ホームフォルダの名称となります
4. パスワードを入力します
5. パスワードを忘れたときのヒントを必要に応じて入力します
6. クリックします

⏻ Column
アカウント名は変更できません
「フルネーム」は追加後でも変更できますが、アカウント名（ショートネーム）は変更できません。変更するには、作成したアカウントを一度削除してから、再度作成してください。

04 ユーザが追加された

ユーザが追加されました。

ユーザが追加されました
クリックしてピクチャを変更できます

⏻ Column
パスワードのヒントの表示
パスワードのヒントは、「システム設定」の「ロック画面」を選択し、「パスワードのヒントを表示」がオンの場合に表示されます。詳細は、146ページを参照ください。

「管理者」と「通常」

新規アカウント作成時には、ユーザの権限として「管理者」「通常」を選択できます。

「管理者」は、アカウントの追加などのMacのさまざまな設定ができる権限を持ちます。

「通常」はMacを使用するための権限で、システム設定の一部の機能では設定を変更できません。

通常ユーザでも、メールやSafariなどのアプリの使用に関しては、管理者との違いはありません。複数人で使用する場合、Macの設定をするユーザだけを管理者アカウントとして、追加したユーザは通常ユーザにすることをおすすめします。

> ### Column
> **「グループ」とは**
> 「グループ」とは、複数のユーザをまとめておく特殊なアカウントです。

Column

子供の使用環境を「スクリーンタイム」で管理する

子供用のアカウントを作成した際、「スクリーンタイム」を使用すると、使用時間、使用できるアプリケーション、Web、Storeなどの使用環境を制限できます。
子供用のアカウントでログインし、「システム設定」の「スクリーンタイム」を表示します。「スクリーンタイム設定をロック」を「オン」に設定し、「スクリーンタイムパスコードを使用」を入力します。
このパスコードはスクリーンタイムの設定の変更時に必要なので、子供には教えないようにします（忘れたときのために、自分のApple Accountを入力できます）。

また、「アプリとWebサイトのアクティビティ」をクリックしてオンにすると、「休止時間」でアプリを使用できる時間、「アプリ使用時間の制限」で特定アプリの使用できる時間、「常に許可」で常に使用許可するアプリ、「コミュニケーションの安全性」でコンテンツの閲覧制限を設定できます。

Section 14-2 ログインユーザを切り替える

▶ Section 14-2 「システム設定」▶「ユーザとグループ」▶「ログインオプション」▶「ファストユーザスイッチ」

ログインユーザを切り替える

 使用するユーザを追加して自動ログインをオフにすると、Mac起動後のログイン画面にユーザ名が表示されるようになります。また、ファストユーザスイッチを使うとユーザの切り替えをすばやく行えます。

ログイン画面

使用するユーザを追加して「自動ログイン」をオフにすると、Mac起動後のログイン画面にユーザ名が表示されるようになります（アイコンにカーソルを合わせるとすべてのユーザが表示されます）。

ログインするユーザのアイコンをクリックし、パスワードを入力してログインします。

1. Macを使用するユーザを追加すると、ログイン画面にユーザが追加されます。ログインするには、ユーザのアイコンをクリックします

2. ログインユーザのパスワードを入力して return キーを押すとログインできます

パスワードを入力して、●をクリックしてもかまいません

Column 自動ログインの設定

「システム設定」の「ユーザとグループ」にある「自動ログインのアカウント」で、ユーザを指定している場合は、パスワードを入れなくても指定したアカウントで自動ログインできます。ただし、セキュリティ的に危険な状態となるので、使用することはおすすめしません。

起動後のユーザの切り替え

Macの起動後に使用するユーザを変更するには、一度ログアウトしてから、別のユーザで再ログインし直します。

ShortCut
ログアウト
shift + ⌘ + Q

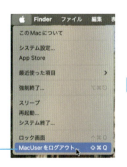

1. 他のユーザに変更するために、一度ログアウトします

2. ログイン画面に戻るので、ユーザを選択してからログインします

277

ファストユーザスイッチですばやく切り替える

「ファストユーザスイッチ」を使うと、他のユーザとの変更をログアウトせずに行えるようになります。

⏻ Column

ファストユーザスイッチのオン／オフ

Dockやアップルメニューから「システム設定」を起動して、「コントロールセンター」をクリックします。
「ファストユーザスイッチ」でメニューバーの表示方法、コントロールセンターへの表示有無を設定します。

1. クリックします
2. ファストユーザスイッチの表示方法を選択します
3. コントロールセンターに表示するかを設定します

01 ファストユーザスイッチでユーザを切り替える

ファストユーザスイッチがオンになっていると、メニューバーの右上に現在のログインユーザ名またはアイコン😀が表示されます。
クリックすると他のユーザが表示され、選択してユーザを切り替えられます。

現在のログインユーザが表示されます
1. クリックします
2. 変更するユーザを選択します
すでにログインしているユーザに表示されます
ログインウインドウを表示します

02 ログインする

選択したユーザのログイン画面が表示されるので、パスワードを入力して return キーを押してログインします。

パスワードを入力して return キーを押します

⏻ Column

ファストユーザスイッチのメリット

ファストユーザスイッチを使ったユーザの切り替えでは、先にログインしていたユーザはログアウトしたわけではなく、バックグラウンドへ移っただけでそのまま存在しています。再度、元のユーザへ切り替えれば、切り替え前の状態から作業を続けられます。

➡ POINT

他のユーザとファイルのやり取りをするには、「ユーザ」フォルダ内の「共有」フォルダを利用してください。

▶ Section 14-3　「システム設定」▶「ユーザとグループ」

ログインパスワードを変更する

 現在のログインパスワードを知っていれば、ログインパスワードはいつでも変更できます。ログインパスワードの変更は、「システム設定」の「Touch IDとパスワード」(または「ログインパスワード」)で行います。

「Touch IDとパスワード」(または「ログインパスワード」)で変更する

　ログインパスワードの変更は、「システム設定」の「Touch IDとパスワード」(または「ログインパスワード」)で行います。

01 「システム設定」の「Touch IDとパスワード」(または「ログインパスワード」)で「変更」をクリック

「システム設定」の「Touch IDとパスワード」(または「ログインパスワード」)で「変更」をクリックします。

02 パスワードを変更する

古いパスワードと新しいパスワードを入力し、「パスワードを変更」ボタンをクリックします。

⏻ Column

パスワードをリセット

管理者ユーザーは、他のユーザーのパスワードをリセットして新しいパスワードを設定できます。「システム設定」の「ユーザーとグループ」を開き、パスワードを変更するユーザの ⓘ をクリックします。ポップアップウインドウでパスワードの「リセット」をクリックして、画面に従って新しいパスワードを設定してください。

Chapter 14 ユーザを管理する

▶ Section 14-4 「システム設定」▶「ユーザとグループ」

不要なユーザアカウントを削除する

 不要なユーザアカウントは、「システム設定」の「ユーザとグループ」で削除できます。削除できるのは、管理者でログインしているユーザだけです。削除する際、削除するユーザのホームフォルダの扱いも選択できます。

01 「システム設定」の「ユーザとグループ」で削除するユーザを選択

Dockやアップルメニューから「システム設定」を起動し、「ユーザとグループ」をクリックします。削除するユーザの①をクリックします。

02 「ユーザを削除」をクリックする

ポップアップウインドウで「ユーザを削除」をクリックします。ロック解除の確認ダイアログが表示されるので、表示されている管理者ユーザのパスワードを入力して「ロックを解除」をクリックします。

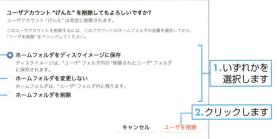

03 ユーザのホームフォルダの削除方法を選択

削除するユーザのホームフォルダの削除方法を選択して、「ユーザを削除」ボタンをクリックします。

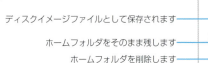

> **POINT**
>
> 保存されたディスクイメージは、ユーザ名の名前で「ユーザ」フォルダ内の「削除されたユーザ」フォルダ内に保存されます。
> このファイルは、ダブルクリックすると仮想ディスクとしてデスクトップにマウントされて、中のデータを利用できます。
>
> 削除されたユーザのホームフォルダのイメージファイルです。ダブルクリックしてマウントできます。
>
>

Chapter

15

システムとメンテナンス

Macを使う上で重要なことは、データのコピーを取っておくことです。ここでは、Time Machineによるバックアップやディスクの診断、macOS Sequoiaの再インストールなどについて解説します。

Section 15-1 　First Aidでディスクを診断する
Section 15-2 　ソフトウェアアップデートの設定
Section 15-3 　Time Machineでバックアップする
Section 15-4 　Time Machineでバックアップから復元する
Section 15-5 　「macOS復旧」を使う
Section 15-6 　起動可能なUSBインストーラディスクを作成する
Section 15-7 　OSを再インストールする
Section 15-8 　ストレージの管理

Chapter 15 システムとメンテナンス

▶Section 15-1　「移動」メニュー ▶「ユーティリティ」フォルダ ▶「ディスクユーティリティ」▶「First Aid」パネル

First Aidでディスクを診断する

「ディスクユーティリティ」の「First Aid」を使うと、ディスクやアクセス権がおかしくなったりしたときの検証と修復が可能です。Macの挙動がおかしいと感じたら、最初に検証を行い、その結果によって修復するといいでしょう。

01 「ディスクユーティリティ」を起動する

Finderウインドウで「ユーティリティ」フォルダを表示し、「ディスクユーティリティ」をダブルクリックします。

ShortCut
「ユーティリティ」フォルダを表示 (Finder)
shift + ⌘ + U

02 First Aidで検証・修復する

「ディスクユーティリティ」が起動したら、検証するドライブやボリューム（パーティション）を選択し、「First Aid」をクリックします。

→ POINT

Sequoiaでは、OS関係のファイルが「Macintosh HD」に、データ類のファイルは「Macintosh HD-Data」にボリュームが分割されて保存されています。

⏻ Column

起動ディスクの修復

起動ディスク（通常は「Macintosh HD」）を検証し、「修復する必要があります」と表示された場合は、「macOS復旧」を起動してから「ディスクユーティリティ」の「First Aid」を実行してください。

03 「実行」をクリックする

「First Aidを実行しますか？」と表示されるので、「実行」ボタンをクリックします。

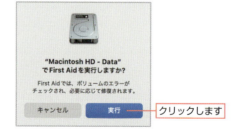

起動ディスクが対象の場合は、コンピュータが応答を停止する旨のダイアログボックスが表示されるので、「続ける」ボタンをクリックします。

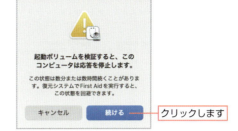

クリックします

04 完了結果を確認する

「詳細を表示」をクリックすると、検証結果が表示されます。

クリックして検証結果を表示します

> **POINT**
>
> 物理的なディスクは「ドライブ」、パーティションを作成してできたディスクは「ボリューム」と呼びます。

283

Chapter 15 システムとメンテナンス

▶ Section 15-2 　「システム設定」▶「一般」▶「ソフトウェアアップデート」

ソフトウェアアップデートの設定

macOSのアップデートの通知やアップデートの実行、自動でアップデートする項目を設定します。

「システム設定」の「ソフトウェアアップデート」を開く

　macOSは絶えず細かな修正を続けており、最新版が完成するとインターネット経由で配布されます。Macではソフトウェアの最新版を「アップデート」といいます。

　「システム設定」の「ソフトウェアアップデート」ウインドウでは、アップデートの有無のチェックや自動でダウンロードするかどうかを設定できます。

ここが表示された場合、パブリックベータをダウンロードできます。

現在の状態が表示されます。アップデートがあるときはここに表示され、「今すぐ再起動」ボタンをクリックするとアップデートできます。「夜間にアップデート」をクリックすると、夜間にアップデートできます

クリックすると、自動アップデートの内容を変更できます

新しいアップデートがある場合は、自動でダウンロードします

macOSアップデートをインストールします

App Storeからのアプリケーションのアップデートをインストールします

システムデータとセキュリティアップデートのみインストールします

POINT

インターネットに接続している環境でインストールしていない「ソフトウェアアップデート」がある場合には、「システム設定」やDockに通知として、その旨が表示されます。

Section 15-3 Time Machineでバックアップする

▶ Section 15-3　「システム設定」▶「一般」▶「Time Machine」

Time Machineでバックアップする

Time Machineは、外付けディスクにMacのすべてのファイルをバックアップとしてコピーし、誤って削除したファイルやフォルダを元に戻せる機能です。難しい設定は不要で、外付けディスクを接続するだけでほぼ設定が完了します。

Time Machineでバックアップ

　Time Machineでバックアップを行うには、USB、またはLAN接続のディスクを使用します。
　Time Machineバックアップは、「システム設定」の「一般」から「Time Machine」を選択して設定します。

01 Time Machineをオンにする

Dockやアップルメニューから「システム設定」を起動し、「一般」から「Time Machine」をクリックします。

02 「バックアップディスクを追加」をクリック

「バックアップディスクを追加」をクリックします。

285

Chapter 15 システムとメンテナンス

03 ディスクを選択

ポップアップウインドウでTime Machineに使用する外付けディスクを選択して、「ディスクを設定」をクリックします。

クリックします

04 暗号化やパスワードを設定

「バックアップを暗号化」で暗号化するかを設定します。暗号化する場合は、パスワードとパスワードを忘れた場合のヒントを設定します。
「ディスク使用率の制限」で「なし」を選択するとディスク容量いっぱいバックアップで使用します。「カスタム」を選択すると、ディスク内のどの程度の容量をバックアップに利用できるかを設定できます。

暗号化するかを設定します

ディスクの使用率を設定します　　暗号化する場合のパスワード、ヒントを登録します

> **Column**
>
> **バックアップを暗号化**
>
> 「バックアップを暗号化」をチェックすると、バックアップディスク全体が暗号化されます。
> 暗号化されたバックアップ用ディスクを接続する際には、暗号化パスワードが必要になります。
> 暗号化を解除するには、Finderで外付けディスクを control ＋クリック（または右クリック）して、「復号」を選択します。

05 設定完了

指定した外付けディスクがTime Machineバックアップディスクとなりました。60秒後に自動的にバックアップが始まります。

Section 15-3 Time Machineでバックアップする

06 バックアップ完了

バックアップが終了すると、通知されます。

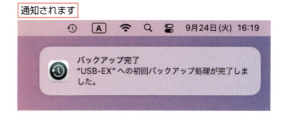
通知されます

Column

メニューバーの表示

メニューバーにTime Machineを表示するかの設定は、「システム設定」の「コントロールセンター」で設定できます。

設定します

Column

最初は時間がかかります

最初のバックアップはシステムを含めたMac全体をバックアップするので、かなりの時間がかかります。

POINT

Time Machineバックアップ用の外付けHDDのアイコンは、色が緑色になります。

Column

専用ディスクを用意しよう

Time Machineによるバックアップは、Macのすべてのファイルをバックアップするため、かなりの容量を必要とするので、専用の外付けディスクを使用することをおすすめします。なお、Windows用フォーマットの外付けディスクも使用できます。

Column

すぐにバックアップする

メニューバーの⌚をクリックして、「今すぐバックアップを作成」を選択すると、すぐにバックアップを作成できます。
また、バックアップを中断するには、同様に「このバックアップ作成をスキップ」を選択します。

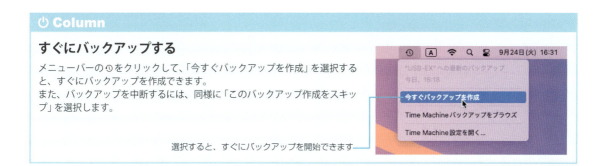
選択すると、すぐにバックアップを開始できます

287

Chapter 15 システムとメンテナンス

> ⏻ **Column**
>
> **バックアップディスクがなくてもバックアップされる**
>
> macOS SequoiaのTime Machineは、バックアップ用の外付けディスクが接続されていないときでも、バックアップデータを内蔵ディスクに保管します。それらのデータは、バックアップディスクを接続すると、タイムラインに沿ってバックアップディスクにコピーされます。そのため、バックアップディスクが接続されていなかったときのデータもバックアップされます。

バックアップ頻度やバックアップから除外する項目の設定

　Macのすべての項目をバックアップすると、外付けディスクの容量がいくらあっても足りません。

　バックアップが不要なドライブやフォルダがある場合は、オプション設定でバックアップ項目から除外できます。

　「バックアップ頻度」では、バックアップの頻度を設定できます。

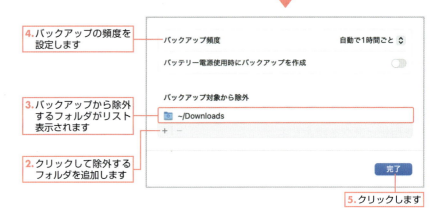

288

▶ Section 15-4　メニューバー ▶「Time Machineバックアップをブラウズ」

Time Machineでバックアップから復元する

Time Machineでは、外付けディスクにバックアップしたファイルを、現在の作業環境にコピーできます。バックアップされていれば、誤って削除したファイルやフォルダを復元できます。また、作業して内容を変更したファイルでも、前の状態が残っていれば現在の環境にコピーして開けます。

01 Time Machineに入る

メニューバーのⓈをクリックして、「Time Machineバックアップをブラウズ」を選択します。

02 復元したいファイルを探す

画面右側にバックアップしたタイムラインが表示されます。直接タイムラインをクリックするか、矢印をクリックすると、以前のフォルダの状態が表示されるので、復元したいファイルを探します。
Finderウインドウは、他のフォルダに移ることもできます。

03 ファイルを復元する

復元するファイルやフォルダを選択して、「復元」ボタンをクリックすると、選択したファイルが復元されます。

→ POINT

ファイルの復元先フォルダーがない場合、ポップアップが表示されます。「保存場所を選択」をクリックして保存先を選択してください。
また、同じファイル名でも前の状態のファイルを復元する場合は、どちらを残すかまたは両方残すかを選択してください。

1.「Time Machineバックアップをブラウズ」を選択します

クリックして、バックアップ日時を指定できます

クリックすると、前回変更が加えられた際のフォルダの内容が表示されます

2. 復元するファイルやフォルダを選択します

3. クリックします

4. 復元されます

Chapter 15 システムとメンテナンス

▶ Section 15-5　再起動 ▶「macOS復旧」

「macOS復旧」を使う

macOS Sequoiaにはディスク上の見えない領域に「macOS復旧」を起動するためのドライブがあり、macOS Sequoiaの再インストールや起動ディスクの修復などが行えます。

「macOS復旧」から起動する

01 「macOS復旧」を起動する

Apple Silicon Macでは、ノート型はTouch IDボタン、デスクトップ型は電源ボタンを長押し、オプションを選択して「続ける」をクリックします。

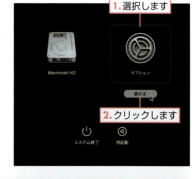

> **POINT**
> Intel Macでは、Macを再起動し、⌘キーとRキーを押したままにします。アップルマークが表示されたら、キーを放します。

> **POINT**
> パスワードが分かっている管理者ユーザーの選択画面が表示されたら、管理者ユーザをクリックして選択し、「次へ」をクリックします。次の画面で、管理者ユーザのパスワードを入力して、「続ける」をクリックします。

02 「macOS復旧」のメニュー画面が表示される

「macOS復旧」の画面が表示されます。この画面では、Time Machineからのデータの復元、macOSの再インストール、「ディスクユーティリティ」による起動用ドライブのメンテナンスが可能です。
この画面を終了するには、アップルメニューから「終了」を選択します。「再起動」を選択すると、通常のMacの画面で再起動します。

Time Machineでバックアップした外付けディスクからデータを復元します。システムごと過去の状態に戻すことはできません

macOS Sequoiaを再インストールします

Safariを起動してヘルプ情報を表示します

「ディスクユーティリティ」を起動して、起動用ドライブを修復したり消去します

⏻ Column

Time Machineから復元

「Time Machineから復元」は、Time Machineでバックアップした外付けディスクからOSやアプリケーションごと過去の状態に戻すための機能でした。しかし、Big Surからはデータを保存している「Macintosh HD-Data」のみが表示され、実質OSごと復元することはできなくなりました。
もし、システムごと以前のバージョンに戻したいのであれば、以前のOSのインストールが必要となります。おおまかな手順は右の通りです。
右の手順で戻しても、以前と同じ環境に戻るわけではないので、ご注意ください。

❶ 戻したいOSのインストーラを作る（291ページ参照）
❷ 新規ボリュームを作成する
❸ インストーラから起動して、❷で作成したボリュームにOSをインストールする
❹ インストール後にTime Machineバックアップした外付けディスクから「移行アシスタント」を使ってデータを戻す

▶ Section 15-6　インストーラ／「ディスクユーティリティ」／「ターミナル」

起動可能なUSBインストーラディスクを作成する

USBメモリを使って、起動可能なmacOSのインストーラを作成できます。「macOS復旧」も利用できるので、作っておくと便利です。

インストーラを作成する

01　macOSをダウンロードする

App StoreからmacOSをダウンロードします（18ページ参照）。インストーラが起動しても実行しないで、「ファイル」メニューの「macOSインストールを終了」を選択して終了してください。
インストーラは、「アプリケーション」フォルダに残しておいてください。

クリックしてインストーラをダウンロードします

▶ POINT

Sequoiaだけでなく、Sonoma、Ventura、Monterey、High Sierra、Mojave、Catalina、Big Surも同様にダウンロードしてインストーラを作成できます。
詳細は、Appleのサイトで「macos□起動可能□インストーラ」（□はスペースを入力）で検索してください。

起動可能なUSBインストーラディスクの作成方法が記述されています

291

Chapter 15 システムとメンテナンス

02 USBメモリをフォーマット

16GB以上のUSBメモリを用意し、「ディスクユーティリティ」を使用して、「フォーマット」を「Mac OS 拡張（ジャーナリング）」、「方式」を「GUIDパーティションマップ」、「名前」を「USB」に設定して初期化します。
USBメモリはMacに直接接続できるタイプを推奨します。

03 作成コマンドを作る

Webサイトを参考にして、インストーラを作成するコマンドを作成します。
「テキストエディット」で正しいコマンドを作成するとよいでしょう。
Sequoiaの場合は、以下のようになります（☐：半角スペース、\：バックスラッシュ）。

sudo☐/Applications/Install\☐macOS\☐Sequoia.app/Contents/Resources/createinstallmedia☐--volume☐/Volumes/USB

02でフォーマットしたUSBメモリの名前に変更します

Section 15-6 起動可能なUSBインストーラディスクを作成する

04 「ターミナル」でコマンドを実行

「Launchpad」を起動して、「その他」から「ターミナル」を起動します。作成したコマンドをコピー&ペーストして return キーを押します。あとは、表示に従って進めてください。
英文ですが、管理者パスワード（ログインパスワード）を入力して return キーを押し、続いて Y キーを押して return キーを押します。ポップアップウインドウが表示されたら「OK」をクリックします。

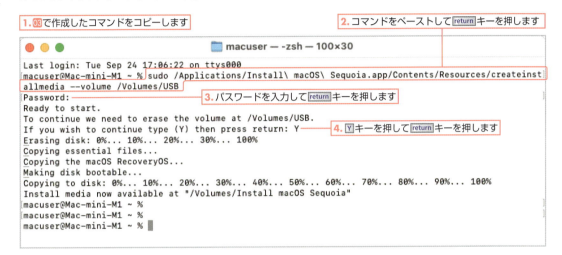

USBインストーラから起動する

> **POINT**
> 作成途中でポップアップウインドウが表示されたら、「許可」をクリックしてください。

作成したUSBディスクは、Apple Silicon Macは、Touch IDボタンまたは電源ボタンを長押しし、起動ディスクとして選択します。Intel Macは、起動時に control キーを押して起動ディスクとして選択します。

USBインストーラで起動すると、インストーラが起動します。インストーラを終了すると「macOS復旧」のメニューに戻るので、「ディスクユーティリティ」を利用して内蔵ディスクの初期化などが行えます。

293

Chapter 15 システムとメンテナンス

▶ Section 15-7　再起動 ▶「macOS復旧」▶「ディスクユーティリティ」

OSを再インストールする

「macOS復旧」を使うと、macOS Sequoiaを再インストールできます。現在の起動ディスクを初期化して完全に新しくインストールすることも可能です。必ず、現在のデータをバックアップしてから行ってください。

現在のOSに上書きインストールする

現在のOSに上書きインストールする方法です。OSだけの再インストールとなるので、データはそのまま残ります。

> **Column**
>
> **ダウンロードしたインストーラでもインストール可能**
>
> 上書きインストールであれば、「macOS復旧」を使わなくてもインストーラを使って再インストールできます。
> App StoreからmacOS Sequoiaをダウンロードします（18ページ参照）。インストーラが起動したら、内蔵ディスク（Macintosh HD）にインストールしてください。手順は、「macOS復旧」からのインストールと同じです。

1. 「macOS復旧」を起動します
2. 「macOS Sequoiaを再インストール」を選択します
3. 「続ける」をクリックします

4. 「続ける」をクリックします

5. 「同意する」をクリックします

6. 「同意する」をクリックします

294

Section 15-7 OSを再インストールする

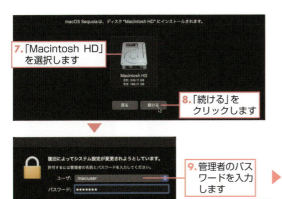

11. インストールが始まります

ディスクを初期化して再インストール

ディスクを初期化して、完全に新しくインストールする方法です。291ページを参照して、Sequoiaのインストーラを作成してから作業すると効率的です。

●ディスクを初期化する

290ページを参照して「macOS復旧」を起動し、「ディスクユーティリティ」で起動ボリュームを初期化します。

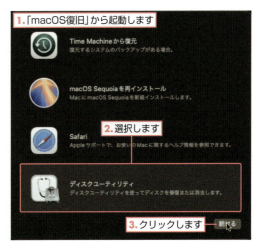

Column
データのバックアップを取っておこう

実行する前に、Time Machineを使って完全なバックアップを作成しておいてください。また、念のために必要データは、Time Machineとは別に手動でバックアップコピーしておくと安全です。

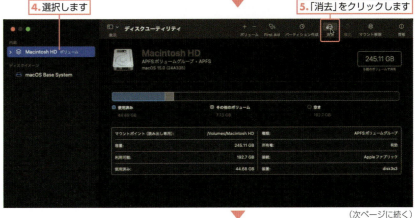

（次ページに続く）

295

Chapter 15 システムとメンテナンス

7.クリックします

8.クリックします

9.クリックするとMacが再起動します。「Macをアクティベート」に進んでください

● Macをアクティベート

再起動後、画面に従って進んでください。「Recovery Assistant」メニューから「Change Language」を選択し、「日本語」を選択(矢印キーを使って選択)すると、日本語表記に変更できます。

MacとApple Accountのリンクを確認するアクティベーション画面が表示されたら、インターネット接続が必要です。Wi-Fi(右上の ▇ をクリックして接続)またはEthernetケーブルで接続してください。

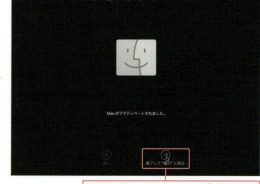

1.この画面が表示されたら、Wi-FiかEthernetを使ってインターネットに接続します

2.MacとApple Accountがリンクしてアクティベートされました。「終了して"復旧"に戻る」をクリックします

> POINT

Apple Accountとパスワードが求められたら、画面に表示されたApple Accountとパスワードを入力してください。

Column

有線キーボードとマウス

Bluetooth接続のApple純正のキーボードとマウスを利用している場合、Macの再起動後にキーボードとマウスが検出されず、画面が先に進まないことがあります。接続されるまでお待ちください。接続されない場合は、キーボードやマウスの電源ボタンをオン／オフしてみてください。
USB-LightningケーブルがあるならキーボードとMacをケーブルで接続してみてください。
それでも認識しない場合は、USBケーブル接続のキーボードとマウスを用意して接続してみてください。Apple純正である必要はありません。Windows用で大丈夫です。

296

Section 15-7 OSを再インストールする

「macOS復旧」の画面に戻ります。「macOS Sequoiaを再インストール」をクリックして、再インストールしてください。

Macによっては、再インストールするOSがSequoiaにならない場合があります。その場合は、表示されたOSを選択してインストールしてから、Sequoiaにアップグレードしてください。

SequoiaのUSBインストーラを作成済みの場合は、アップルメニューから「システム終了」を選択して一度Macを終了し、この後の「Sequoiaインストーラから再インストールする」を参考に、USBインストーラから起動してSequoiaをインストールしてください。

● Sequoiaインストーラから再インストールする

SequoiaのUSBインストーラをMacに装着し、Apple Silicon Macは、Touch IDボタンまたは電源ボタンを長押しして起動します。Intel Macは、起動時に control キーを押して起動します。

起動ディスクの選択画面が表示されたら、「Sequoiaインストーラ」を選択して起動してください。

この後は、画面に従ってインストールします。294ページの「現在のOSに上書きインストールする」を参照ください。

Column

「移行アシスタント」でデータを転送する

新しいシステムで起動したあとからでも、Time Machineバックアップから情報を転送できます。「ユーティリティ」フォルダにある「移行アシスタント」を使って、Time Machineバックアップから情報を転送してください。

1. Time Machineバックアップから移行するデータを選択します

2. クリックします

3. 転送する情報を選択します

297

Section 15-8 「システム設定」▶「一般」▶「ストレージ」

ストレージの管理

Macを長く使っていくと、内蔵ディスクには多くのデータが貯まっていきます。内蔵ディスクの空き容量が少なくなると、パフォーマンスが落ちたり、必要なデータが保存できなくなります。ストレージの管理方法を覚えておきましょう。

01 「ストレージ」を選択

「システム設定」の「一般」を選択し、「ストレージ」を選択します。

02 オプションを選択

現在の起動ディスクの容量と利用状況がグラフで表示されます。
必要なオプションを設定します。

すべてのボリュームをグラフ表示します　　利用状況が表示されます

「TV」アプリでダウンロードした映画やテレビ番組のデータを自動で削除します。いつでも再ダウンロードできます

30日過ぎたゴミ箱のデータは自動で消去します

iCloudにデータを保存します

03 種類ごとの使用サイズを確認

画面下部にアプリなどの種類ごとの使用サイズが表示されます。ここで、どのアプリでデータが使われているかを確認できます。
「書類」にアプリで作成したりダウンロードしたりしたデータが入っているので、ここで不要なファイルを確認しましょう。「書類」の ⓘ をクリックします。

アプリやシステムの種類ごとに使用サイズが表示されます

Section 15-8 ストレージの管理

04 不要なファイルを見つける

「大きいファイル」をクリックすると、「書類」の中でサイズの大きなファイルがリスト表示されます。このリストから不要なファイルを見つけましょう。
特にファイルサイズが大きいファイル、2つ表示されているファイルなどをチェックします。

05 ファイルを削除する

削除してもよいデータを ⌘ キーを押しながらクリックして選択し、「削除」ボタンをクリックします。

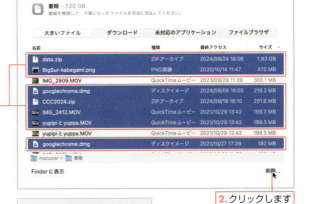

06 削除を実行

ここでの削除は「ゴミ箱」に入らずに、すぐに削除されます。本当に削除してよい場合は、「削除」ボタンをクリックします。

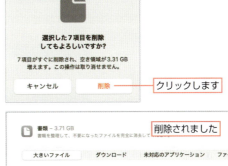

07 削除された

選択したファイルが削除されました。

299

INDEX

数字

2ファクタ認証 ······························· 28

A

AirDrop ·· 266
AirPlay ································ 140, 257
APFS ·· 124
App Store ···················· 18, 214, 217
Apple Account ····················· 25, 30
Apple Accountのセキュリティ ······ 29
Apple Magic Mouse ················ 132
Apple Pay ·································· 154

B

Bcc ··· 200
Bluetooth ································· 142

C

Cc ·· 200
Control Stripをカスタマイズ ·········· 129

D

Dock ······························· 15, 57, 82
Dockから削除する ························· 58
Dockの大きさを変更する ················ 59

E

Exposé ······································ 134

F

FaceTime ·································· 246
FileVault ···································· 173
Finder ·· 82
Finderウインドウ ·················· 15, 82
Finderウインドウでのファイル検索 ····· 117
Finder項目の名称変更 ·············· 104
Finder設定 ···················· 84, 89, 106
First Aid ···································· 282

H

Handoff ····································· 248
HDMIポート ······························· 137

I

iCloud ··· 29
iCloud Drive ······························ 107
iCloud+ ···························· 29, 109
iCloud共有写真ライブラリ ··········· 232
Instant Hotspot ·························· 39
iPad ··· 140
iPhone/iPadへの転送・同期設定 ········· 264
iPhone/iPad/Macを探せるようにする ··· 255

iPhone/iPadを使って写真を撮る ········· 252
iPhoneから通話 ·························· 246
iPhoneのSMS/MMSを
　Macで送受信する ···················· 241
iPhoneの音声や画像を
　Macで再生する ······················· 257
iPhoneミラーリング ·············· 16, 261

L

LANケーブル ································· 37
Launchpad ································· 209

M

Mac OS拡張 (ジャーナリング) ·········· 124
Macintosh HD ···························· 87
Macintosh HD - Data ················· 87
macOS復旧 ································· 290
macOSをダウンロードする ············ 291
MacからiOSやiPadOSに引き継ぐ ····· 250
MacでiPhoneを使う ···················· 261
MacとiPhone/iPadでの
　コピー&ペースト ····················· 251
Macのキーボード ························· 126
Macの情報を表示する ··················· 24
Macをアクティベート ··················· 296
Macを起動する ···························· 12
Magic Mouse ······························ 21
Magic Trackpad ························· 22
Mail Drop ·································· 200
Mission Control ·························· 53

N

NAS ·· 270
Night Shift ································· 47

O

OSを再インストールする ················ 294

P

PDFで書き出す ···························· 226
PDFファイルを開く ······················ 229

R

Retinaモデル ································· 47

S

Safari ··· 178
Sequoiaにアップグレードする ············ 18
Siri ······································ 63, 65
Spotlight ···························· 82, 115
SSID ·· 32

T

Time Machine ····················· 285, 289
Time Machineから復元 ················ 290
Touch Bar ·································· 127
Touch ID ···································· 153
Touch IDとパスワード ················· 279
True Tone ···································· 47

U

USB-Cケーブル ··························· 138
USB-Cポート ······························ 137
USBインストーラディスク ············· 291

V

VIP (メール) ······························· 205
VoiceOver ·································· 175

W

Webアプリ ·································· 215
Webページのパスワード (Safari) ······· 187
Wi-Fi ·· 32
Wi-Fiパスワード共有 ······················ 34
Wi-Fi親機の管理 ··························· 36
Windowsで文字化けする ············· 111

あ

アイコンサイズ ····························· 95
アイコン表示 ······························· 91
アイコンプレビューを表示 ················ 97
アカウント (メール) ······················ 192
アクションボタン ························· 104
アクションメニュー ······················· 84
アクセシビリティ ·················· 51, 175
アクセスを許可／禁止するアプリ ········· 172
新しいデスクトップを作る ················ 54
圧縮ファイル ······························· 111
アップデート ······························· 217
アドレス帳を作成する ··················· 233
アプリケーションウインドウ ············· 15
アプリケーションの強制終了 ··········· 210
アプリケーションの実行許可 ··········· 216
「アプリケーション」フォルダ ············ 208
アプリケーションを終了するときに
　ウインドウを閉じる ·················· 210
アプリとWebサイトのアクティビティ ··· 80
アプリのショートカット ················· 131
アプリ名 − iCloud ······················ 110
アプリをDockに登録する ··············· 57
アプリを起動する ················ 57, 208
アプリを切り替える ······················· 53
アプリを終了する ························· 209
アプリを追加する ························· 214

300

INDEX

い

移行アシスタント	297
位置情報サービス	171
「移動」メニュー	87
印刷	224
インターネット	32, 37, 39
インターネットアカウント	193
インターネット共有	40
インターフェイス	15

う

ウィジェット	48
ウィジェットを編集	49
ウインドウの大きさを変更する	50
ウインドウをDockにしまう	50
ウインドウを画面全体に表示する	52
ウインドウを閉じる	51

え

エイリアスを作成	114
絵文字	200
絵文字と記号を表示する	163

お

お気に入り（Safari）	182
おやすみモード	71
オンスクリーンコントロール	78
音声コントロール	176
音声入力	166
音声入力を開始	165
オンラインストレージ	270
音量の設定	135

か

外観	60
解像度	47
外部からの接続をすべてブロック	44
拡張子	106
拡張ディスプレイ	139
画像ファイルを開く	229
カタカナ入力	158
かな入力	159, 160
壁紙	61
画面共有	271
画面全体を収録	78
画面のタイル表示	16, 55
カラム表示	92
カラープロファイル	47
「カレンダー」アプリ	234
「管理者」ユーザ	276

き

機能キー	126
ギャラリー表示	92
「強制終了」	14, 210
共有	271
気をそらす項目を非表示（Safari）	186
キーの印字	160
キーボード	79, 127, 130
キーボードショートカット	79
キーボードビューア	164

く

クイックルック	121
クリック	21, 22
グリッド間隔	95
グループ分け	94
グループを使用	94

け

言語と地域	149, 221
検索	118
検索フィールド	115

こ

このMacについて	24
このMacを同期	30
コピー	103
ゴミ箱	112
ゴミ箱を空にする	113
コントロールセンター	68, 145
コントロールセンターモジュール	69

さ

最近使った項目	122, 208
最近の項目	82, 84
サイドバー	15, 89, 120
サイドバーに追加	90
サイドバーのアイコンサイズ	51
再ログイン時にウインドウを再度開く	213
サウンド	135, 136
探す	255
「削除されたユーザ」フォルダ	280

し

時刻	147
辞書を追加する	162
システム終了	13
「システム終了」ダイアログボックス	213
自動入力とパスワード	170
自動ログイン	277
指紋を追加	153
「写真」アプリ	230

写真を管理する

写真を管理する	230
集中モード	71
受信拒否（メール）	196
省エネルギー	145
省電力設定	144
情報を見る	106, 218
初期化	123
署名（メール）	206
書類を作成する	228
書類を閉じるときに変更内容を保持するかどうかを確認	213
書類を保存する	211
書類－ローカル	109
ショートカット	130
新規タグを作成	119
新規タブ	83
新機能	16
新規Finderウインドウ	83
新規Finderウインドウで次を表示	84
新規フォルダ	99
新規メッセージ（メール）	197

す

すぐに削除	113
スクリーンショット	76
スクリーンセーバ	62
スクリーンタイム	80, 276
スクロール	21, 22
スクロールとズーム	134
スタック	58
スタック表示	75
ステージマネージャ	73
ステータスバー	87, 96
ストレージ	298
スピーカーを設定する	136
スプリングローディング	101
すべての入力ソース	161
すべてを選択	98
スペルミスのチェック	158
スマートメールボックス	203
スリープ	14
スワイプ	21, 22, 23
ズーム機能	175

せ

整頓	96
セキュリティオプション	124
セットアップの項目	19
全員に返信（メール）	201
選択項目から新規フォルダ	99
選択範囲を収録	78

301

INDEX

そ

送信を取り消す（メール）……………… 199
外付けディスプレイ……………………… 137
その他のジェスチャ……………… 132, 134
ソフトウェアアップデート……………… 284

た

タグ…………………………………………… 119
タグの管理………………………………… 120
タップ…………………………… 22, 23, 132
ダブルクリック ……………………………… 21
ダブルタップ ………………………… 21, 22
タブを固定（Safari）…………………… 180
「ダーク」モード …………………………… 60
ターミナル…………………………………… 293

ち

地図を見る………………………………… 242
チャットする ……………………………… 239

つ

「通常」ユーザ……………………………… 276
通知…………………………………………… 66
通知音（警告音）の設定………………… 135
通知センター ……………………………… 66

て

ディスクの初期化………………………… 123
ディスクユーティリティ…… 123, 282, 295
ディスクを暗号化する…………………… 173
ディスプレイ ………… 46, 51, 138, 140
「テキストエディット」アプリ…………… 228
テキスト認識表示………………………… 222
テザリング…………………………………… 39
デスクトップ ………………………… 15, 48
デスクトップ項目………………………… 48
デスクトップとDock
　………… 49, 54, 56, 59, 74, 210, 219
デスクトップとステージマネージャ……… 74
「"デスクトップ"フォルダと
　"書類"フォルダ」オプション ………… 108
デスクトップを切り替える ……………… 53
デバイスのペアリングを解除…………… 143
デフォルトアプリの変更………………… 218
転送（メール）…………………………… 202
添付ファイル（メール）………………… 194
データを削除する………………………… 112

と

時計のオプション………………………… 148
トラックパッド…………………… 22, 133
取り消す…………………………… 99, 102

に

日本語 - ローマ字入力設定を開く ……… 159
日本語に翻訳する………………………… 220
日本語に翻訳（Safari）………………… 190
日本語を入力する………………………… 157
入力ソース………………………………… 156

ね

ネットワーク ………………………… 38, 43

は

パスバー…………………………………… 87
「パスワード」アプリ ………………… 17, 168
パスワードをiCloudに保存する ……… 30
パスワードを管理する…………………… 168
パスワードをリセット…………………… 279
バックアップから復元する …………… 289
バックアップする………………………… 285
バックアップ頻度………………………… 288
バックアップを暗号化…………………… 286
バッテリー………………………………… 144
半角英数字を入力する…………………… 158

ひ

日付と時刻………………………………… 147
ビデオビューア（Safari）……………… 186
表示オプションを表示…………………… 95
ひらがな入力……………………………… 157
ピンチアウト ………………………… 22, 23
ピンチイン ……………………………… 22, 23

ふ

ファイアウォール ………………………… 43
ファイル…………………………… 85, 97
ファイルの名称を変更する …………… 102
ファイルやフォルダをDockに登録する
　……………………………………………… 58
ファイルを移動する……………………… 100
ファイルを検索する……………………… 115
ファイルをコピーする…………………… 102
ファイルを選択する……………………… 98
ファイルを添付する（メール）………… 198
ファストユーザスイッチ………………… 278
ファミリー………………………………… 226
ファンクションキー …………… 127, 129
フォルダ…………………………… 85, 97
フォルダの構造…………………………… 86
フォルダの名称を変更する …………… 102
フォルダ名から現在の階層を知る……… 88
フォルダを作成する……………………… 99
フォーマット……………………………… 124
複製…………………………………… 102, 212

復旧キー

復旧キー…………………………………… 174
ブックマーク（Safari）…………… 182, 183
「プライバシー」ウインドウ……………… 82
プライバシーとセキュリティ
　…………………… 171, 172, 173, 216
プライベートブラウズ（Safari）………… 189
プライベートモード……………………… 158
フラグ（メール）………………………… 205
プリンタ…………………………………… 150
プリンタとスキャナ……………………… 151
プリント…………………………………… 225
フリーズ……………………………………… 14
フルスクリーン表示……………………… 52
「プレビュー」アプリ…………………… 229
プレビューを表示………………… 93, 121

へ

ペアリング………………………………… 142
ヘッドフォンを設定する………………… 136
別名で保存………………………………… 212
返信先……………………………………… 200
返信（メール）…………………………… 201
ページ設定………………………………… 224
ページピン（Safari）…………………… 180
ペースト…………………………………… 103

ほ

ポイントとクリック……………… 132, 133
保存………………………………………… 211
翻訳言語…………………………………… 221

ま

マイクロフォンを設定する …………… 136
マウス…………………………… 21, 132
「マップ」アプリ………………………… 242

み

ミラーリング ……………………………… 139

め

名称変更…………………………………… 104
名称未設定フォルダ……………………… 99
迷惑メール（メール）…………………… 195
「メッセージ」アプリ…………………… 239
メニューバー ……………………………… 15
「メモ」アプリ…………………………… 237
メールサーバ情報の入力（メール）……… 193
メールを作成して送信する（メール）…… 197
メールを自動分別する…………………… 204
メールを受信する（メール）…………… 194
メールを整理する／管理する …………… 203

INDEX

も

文字入力……………………… 156
文字ビューア………………… 164
モバイルWi-Fiルーター……………… 32

や

やり直す……………………… 101

ゆ

ユニバーサルクリップボード………… 251
ユニバーサルコントロール……………… 258
ユーザとグループ………………… 274, 280
ユーザライブラリ…………………… 87
ユーザを削除……………………… 280
ユーザを追加……………………… 274

よ

予定を管理する………………… 234

ら

「ライト」モード………………… 60
ライブラリ……………………… 87

り

リスト表示……………………… 91
リダイレクト（メール）……………… 202
リフレッシュレート………………… 47
「リマインダー」アプリ……………… 236
履歴（Safari）…………………… 188
リンクを新規ウインドウで開く（Safari）
………………………… 181
リンクを新規タブで開く（Safari）……… 181
リーダー（Safari）………………… 185

る

ルーター……………………… 37
ルール（メール）………………… 204

れ

連係カメラ……………………… 260
「連絡先」アプリ………………… 233

ろ

ログアウト……………………… 14
ログイン……………………… 12
ログイン項目と機能拡張……………… 209
ログイン時に開く………………… 209
ログインパスワード………………… 279
ログインユーザを切り替える…………… 277
ロック画面……………………… 14, 146
ローマ字入力………………… 159, 160

303

著者紹介

井村 克也 (いむら かつや)

1966年生まれ。1988年にソフトハウスでマニュアルライティングを覚え、1996年からフリーランス。
Adobeのグラフィック＆DTP関連のソフトを四半世紀以上使い続けるパワーユーザー。
パソコン関連の解説書籍の執筆は100冊を超える。
E-mail：TY4K-IMR@asahi-net.or.jp

■主な著書

「基礎からしっかり学べる Photoshop Elements 2023 最強の教科書 Windows & macOS 対応」（共著）
「基礎からしっかり学べる Illustrator 最強の教科書 CC 対応」
「基礎からしっかり学べる Photoshop 最強の教科書 CC 対応」（共著）
「InDesign スーパーリファレンス CC 2017/2015/2014/CC/CS6 対応」
「Windows 10 パソコンお引越しガイド 10/8.1/7 対応」
（以上、ソーテック社）

macOS Sequoia
マック オーエス セ コ イ ア
パーフェクトマニュアル

2024年11月15日　初版　第1刷発行

著　　　　者	井村克也	
カバーデザイン	広田正康	
発　行　人	柳澤淳一	
編　集　人	久保田賢二	
発　行　所	株式会社ソーテック社	
	〒102-0072　東京都千代田区飯田橋4-9-5　スギタビル4F	
	電話（注文専用）03-3262-5320　FAX 03-3262-5326	
印　刷　所	株式会社シナノ	

©2024 Katsuya Imura, Kazuya Takayama

Printed in Japan

ISBN978-4-8007-1341-4

写真モデル	写真提供
chiba creators club model	chiba creators club

本書の一部または全部について個人で使用する以外著作権上、株式会社ソーテック社および著作権者の承諾を得ずに無断で複写・複製することは禁じられています。
本書に対する質問は電話では受け付けておりません。また、本書の内容とは関係のないパソコンやソフトなどの前提となる操作方法についての質問にはお答えできません。
内容の誤り、内容についての質問がございましたら、切手・返信用封筒を同封のうえ、弊社までご送付ください。
乱丁・落丁本はお取り替え致します。

本書のご感想・ご意見・ご指摘は
http://www.sotechsha.co.jp/dokusha/
にて受け付けております。Webサイトでは質問は一切受け付けておりません。